城市综合管廊建设与管理系列指南

城市综合管廊工程施工技术指南

丛书主编　胥　东
本书主编　沈　勇

中国建筑工业出版社

图书在版编目（CIP）数据

城市综合管廊工程施工技术指南/沈勇本书主编.—北京：
中国建筑工业出版社，2018.1
（城市综合管廊建设与管理系列指南 / 胥东丛书主编）
ISBN 978–7–112–21530–0

Ⅰ.①城… Ⅱ.①沈… Ⅲ.①市政工程—地下管道—管
道施工—指南 Ⅳ.① TU990.3-62

中国版本图书馆CIP数据核字（2017）第284623号

综合管廊是根据规划要求将多种市政公用管线集中敷设在一个地下市政公用隧道空间内的现代化、集约化的城市公用基础设施。

本套指南共 6 册，分别为《城市综合管廊工程设计指南》、《城市综合管廊工程施工技术指南》、《城市综合管廊运行与维护指南》、《装配式综合管廊工程应用指南》、《城市综合管廊智能化应用指南》和《城市综合管廊经营管理指南》，本套指南的发行对规范我国综合管廊投资建设、运行维护、智能化应用及经营管理等行为，提升规划建设管理水平，高起点、高标准地推进综合管廊的规划、设计、施工、经营等一系列的建设工作和管廊全生命周期管理，具有非常重要的引导和支撑保障作用。

责任编辑：赵晓菲　朱晓瑜
版式设计：京点制版
责任校对：李欣慰

城市综合管廊建设与管理系列指南

城市综合管廊工程施工技术指南

丛书主编　胥　东
本书主编　沈　勇

*

中国建筑工业出版社出版、发行（北京海淀三里河路9号）
各地新华书店、建筑书店经销
北京京点图文设计有限公司制版
大厂回族自治县正兴印务有限公司印刷

*

开本：787×1092毫米　1/16　印张：11　字数：197千字
2018年1月第一版　2018年1月第一次印刷
定价：48.00元
ISBN 978-7-112-21530-0
（31194）

丛书前言

城市综合管廊是根据规划要求将多种市政公用管线集中敷设在一个地下市政公用隧道空间内的现代化、集约化的城市公用基础设施。城市综合管廊建设是 21 世纪城市现代化建设的热点和衡量城市建设现代化水平的标志之一，其作为城市地下空间的重要组成部分，已经引起了党和国家的高度重视。近几年，国家及地方相继出台了支持城市综合管廊建设的政策法规，并先后设立了 25 个国家级城市管廊试点，对推动综合管廊建设有重要的积极作用。

城市综合管廊作为重要民生工程，可以将通信、电力、排水等各种管线集中敷设，将传统的"平面错开式布置"转变为"立体集中式布置"，大大增加地下空间利用效率，做到与地下空间的有机结合。城市综合管廊不仅可以逐步消除"马路拉链"、"空中蜘蛛网"等问题，用好地下空间资源，提高城市综合承载能力，满足民生之需，而且可以带动有效投资、增加公共产品供给，提升新型城镇化发展质量，打造经济发展新动力。

本套指南共 6 册，分别为《城市综合管廊工程设计指南》、《城市综合管廊工程施工技术指南》、《城市综合管廊运行与维护指南》、《装配式综合管廊工程应用指南》、《城市综合管廊智能化应用指南》和《城市综合管廊经营管理指南》，本套指南的发行对规范我国综合管廊投资建设、运行维护、智能化应用及经营管理等行为，提升规划建设管理水平，高起点、高标准地推进综合管廊的规划、设计、施工、经营等一系列的建设工作和管廊全生命周期管理，具有非常重要的引导和支撑保障作用。

本套指南在编写过程中，虽然经过反复推敲、深入研究，但内容在专业上仍不够全面，难免有疏漏之处，恳请广大读者提出宝贵意见。

本书前言

为贯彻落实国家关于推进城市综合管廊建设的有关文件及精神，指导城市综合管廊工程施工及质量验收，促进市政工程建设的产业规范化进程，做到技术先进、经济合理、安全适用、保证质量、节能减排，编制本指南。

本指南适用于城市综合管廊工程的施工技术。

本指南主要包括施工准备、测量、明挖法施工、浅埋暗挖法施工、盾构法施工、顶管法施工、现浇钢筋混凝土综合管廊施工、预制拼装综合管廊施工、防水工程施工、附属设施施工、安全文明施工等内容。

城市综合管廊工程施工及质量验收除可参照本指南外，尚应符合国家、地方现行相关的法规和标准的规定。

本指南由杭州市城市建设发展集团有限公司沈勇主编，金兴平、莫海岗、钱晖、刘敬亮副主编，成员为方建华、林凡科、胡益平、陈伟浩、李鹏世、王下军、苏文建、娄彬。本指南在编写过程中，参考了相关作者的著作，在此特向他们一并表示谢意。

本指南中难免有疏漏和不足之处，敬请专家和读者批评、指正。

目　录

第1章 施工准备

1.1 一般要求

施工前测量人员应收集设计和测绘资料，并应根据施工方法和现场测量控制点状况制定施工测量方案。施工测量前应对接收的测绘资料进行复核，对各类控制点进行检测，并应在施工过程中妥善保护测量标志。

施工放样应依据卫星定位点、精密导线点、线路中线控制点及二等水准点等测量控制点进行。地下平面和高程起算点应采用直接从地面通过联系测量传递到地下的近井点。地下起算方位边不应少于2条，起算高程点不应少于2个。

地下平面和高程控制点标志，应根据施工方法和管廊结构形状确定，并宜埋设在管廊底板、顶板或两侧边墙上。

贯通面一侧的管廊长度大于1500m时，应在适当位置，通过钻孔投测坐标点或加测陀螺方位角等方法提高控制导线精度。地下平面和高程控制点使用前，必须进行检测。

地下平面控制测量、地下高程控制测量，在综合管廊贯通前应独立进行3次，并以3次测量的加权平均值指导综合管廊贯通。

暗挖法综合管廊掘进初期，施工测量应以联系测量成果为起算依据，进行地下施工导线和施工高程测量，测量前应对联系测量成果进行检核。随着暗挖法综合管廊的延伸，应以建立的地下平面控制点和地下高程控制点为依据进行地下施工导线和施工高程测量，应以地下平面控制点或施工导线点测设线路中线和综合管廊中线，以地下高程控制点或施工高程点测设施工高程控制线。综合管廊掘进面距贯通面60m时，应对线路中线、综合管廊中线和高程控制线进行检核，贯通后，应随即进行平面和高程贯通误差测量。

施工期间应进行线路结构和临近主要建筑物的变形测量。应根据国家有关规定，定期对测量仪器和工具进行检定。作业时应消除作业环境对仪器的影响。

1.2 施工调查

施工调查应针对工程特点，拟定调查内容、步骤、范围。调查结束后，应提出完整的施工调查报告。施工前应做好下列工作：

（1）现场核对设计文件；

（2）察看工程的施工条件，包括施工运输、水源、供电、通信、场地布置、弃渣场地及容纳能力、征地、拆迁情况等；

（3）相邻工程的情况和施工安排；

（4）当地原料、材料及半成品的品种、质量、价格及供应能力；

（5）当地的交通运输状况，包括运能、运价、装卸费率等；

（6）可利用的动力、电源和通信情况；

（7）当地的气象、水文、水质情况；

（8）当地生活供应、医疗、卫生、防疫及居民点的社会治安情况；

（9）当地对环境保护的一般规定和特殊要求。

施工调查报告应包括下列内容：

（1）工程概况，包括工程环境、工程地质、水文地质、工程规模、数量和特点；

（2）临时设施施工方案，包括大型临时设施，如材料厂、便道、电力、通信干线、码头、便桥等的设置地点、规模和标准；小型临时设施和临时房屋的标准和数量；

（3）砂、石等大堆材料供应；

（4）生产及生活供水、供电方案；

（5）施工通信方案；

（6）当地风俗习惯及注意事项；

（7）施工中的环境保护要求及实施办法；

（8）尚待解决的问题。

1.3 环境保护

施工单位应当遵守国家有关环境保护的法律规定，采取措施控制施工现场的各种粉尘、废气、废水、固定废弃物以及噪声、振动对环境的污染和危害。施工单位应当采取下列防止环境污染的措施：

（1）妥善处理泥浆水，未经处理不得直接排入城市排水设施和河流；

（2）除设有符合规定的装置外，不得在施工现场熔融沥青或者焚烧油毡、油漆以及其他会产生有毒有害烟尘和恶臭气体的物质；

（3）采取有效措施控制施工过程中的扬尘；

（4）禁止将有毒有害废弃物用作土方回填；

（5）对产生噪声、振动的施工机械，应采取有效控制措施，减轻噪声扰民。

综合管廊工程施工由于受技术、经济条件限制，对环境的污染不能控制在规定范围内的，建设单位应当会同施工单位事先报请当地人民政府建设行政主管部门和环境行政主管部门批准。

1.4　设计文件的核对

对设计文件应做好以下核对工作：

（1）技术标准、主要技术条件、设计原则；

（2）综合管廊的平面及断面；

（3）综合管廊设计的勘测资料，如地形、地貌、工程地质、水文地质、钻探图表等；

（4）综合管廊穿过不良地质地段的设计方案，施工对环境造成影响的预防措施；

（5）综合管廊洞口位置，洞门式样，洞身衬砌类型，辅助坑道的类型和位置，洞口边坡、仰坡的稳定程度；

（6）施工方法和技术措施；

（7）洞门与洞口段的其他各项工程；

（8）洞口排水系统和排水方式。

施工单位应全面熟悉设计文件，并会同设计单位进行现场核对，当与实际情况不符时，应及时提出修改意见。例如，控制桩和水准基点的核对和交接应做好以下工作；

（1）综合管廊控制桩和水准基点的交接应在建设单位主持下，由设计单位持交桩资料向施工单位逐桩逐点交接确认，遗失的应补桩，资料与现场不符的应要求更正；

（2）对接收的控制桩和水准基点，应实行相应等级的测量复核，确认其正确无误后方可作为施工的依据。

1.5 实施性施工组织设计

编制实施性施工组织设计必须通过全面的调查研究，在确定建设项目的工期要求和投资计划前提下，有计划地合理组织和安排好工期、施工方法、施工顺序，并提出劳动力、材料、机具设备等的需要量。实施性施工组织设计的编制，应遵循下列原则：

（1）满足指导性和综合性施工组织设计；

（2）应在详细调查研究的基础上，进行技术经济方案的比选，根据最优的方案进行设计；

（3）应完善施工工艺，积极采用新技术、新工艺、新材料、新设备；

（4）因地制宜，就地取材；

（5）根据工程特点和工期要求，安排好施工顺序及工序的衔接；

（6）提高施工机械化水平，提高劳动生产率，减轻劳动强度，加快施工进度，确保工程质量；

（7）符合环境保护和劳动卫生有关法律、法规的要求。

编制实施性施工组织设计应以下列内容为依据：

（1）建设项目的修建要求，如施工总工期，分段工期和分期投资计划等；

（2）设计文件、有关标准和施工工法；

（3）调查资料，如气象、交通运输情况、当地建筑材料分布、临时辅助设施的修建条件，以及水、电、通信等情况；

（4）在已有管线埋设的施工段，应包括既有管线的现状及设备可资利用情况等资料；

（5）施工力量及机具现状情况；

（6）现行施工定额和本单位实际施工水平。

实施性施工组织设计主要应包括下列内容：

（1）地理位置、地理特征、气候气象、工程地质、水文地质、工程设计概况、工期要求、主要工程数量等；

（2）工程特点、施工条件、施工方案；

（3）洞口场地、洞内管线及风、水、电供应办法；

（4）施工进度安排、施工形象进度及进度指标；

（5）进洞方案、开挖方法、爆破设计、装碴运输、支护、衬砌、通风、排水、施工测量、监控量测、工程试验等；

（6）机械设备配备、劳动力配备、主要材料供应计划、当地材料供给等；

（7）施工管理、工程质量和施工安全保证措施等；

（8）环境保护及其他。

1.6　施工机械准备

施工机械应根据综合管廊实施性施工组织设计的要求配备。为确保正常施工，应保证施工机械情况良好，零配件、附件及履历书齐全，施工机械的准备应适应施工进度的要求迅速而及时地分期完成。施工机械的安装与调试应符合下列要求：

（1）施工机械的安装不得在松软地段、危岩塌方、滑坡或可能受洪水、飞石、车辆冲击等处所进行。特殊情况下应有可靠的防护措施，并确保安全。

（2）机械设备的安装技术要求，应参照机械说明书的有关规定，底座必须稳固。安装完毕后应进行安全检查及性能试验，并经试运转合格后，方可投入使用。

（3）机械调试方法和步骤必须按照技术说明书等资料要求进行。

1.7　施工场地与临时工程

施工场地布置应符合下列要求：

（1）有利于生产，文明施工，节约用地和保护环境；

（2）事先统筹规划，分期安排，便于各项施工活动有序进行，避免相互干扰。

施工场地布置应包括下列内容：

（1）确定卸渣场的位置和范围；

（2）轨道运输时，洞外出碴线、编组线、牵出线和其他作业线的布置；

（3）汽车运输道路和其他运输设施的布置；

（4）确定风、水、电设施的位置；

（5）确定大型机具设备的组装和检修场地；

（6）确定砂、石等材料、施工备品及回收材料的堆放场地；

（7）确定各种生产、生活等房屋的位置；

（8）场内临时排水系统的布置；

（9）混凝土拌合站（场）和预制场的布置。

临时工程施工应符合下列要求：

（1）运输道路应满足运量和行车安全的要求。引入线在不影响洞口边坡、仰坡安全的情况下宜引至洞口，并应避免与卸碴线等相互干扰，使用中应加强养护维修，确保畅通。

（2）高压、低压电力线路及变压器和通信线路应按规定统一布置及早建成。

（3）临时房屋应本着有利生产、方便生活及勤俭节约的原则，或租或建，就近解决。

（4）严禁将住房等临时设施布置在受洪水、泥石流、落石、雪崩、滑坡等自然灾害威胁的地点。洞口段为不良地质时，不应在其洞顶修建房屋、高压水池和其他建筑。

（5）各种房屋按其使用性质应遵守相应的安全消防规定。爆破器材库、油库的位置应符合有关规定。房屋区内应有通畅的给水排水系统，并避开高压电线。

（6）弃渣应选择合适的地点，弃渣不得堵塞沟槽和挤压河道，亦不得挤压桥梁墩台及其他建筑物。弃渣堆的边坡应作防护，防止水土流失。

临时工程及场地布置应采取措施保护自然环境。

1.8　作业人员

综合管廊施工前应根据工程特点、新技术推广和新型机械配备等情况，对从事有特殊要求的专业施工作业的人员应符合有关劳动法规的规定，并需要按照要求持证上岗。如有必要还要对职工进行安全技术交底和培训。

第 2 章　测量

2.1　地下平面控制测量

从综合管廊掘进起始点开始，直线综合管廊每掘进 200m 或曲线综合管廊每掘进 100m 时，应布设地下平面控制点，并进行地下平面控制测量。控制点间平均边长宜为 150m。曲线综合管廊控制点间距不应小于 60m。控制点应避开强光源、热源、淋水等地方，控制点间视线距综合管廊壁应大于 0.5m。平面控制测量应采用导线测量等方法，导线测量应使用不低于 Ⅱ 级全站仪施测，左右角各观测两测回，左右角平均值之和与 360° 较差应小于 4″；边长往返观测各两测回，往返平均值较差应小于 4mm。测角中误差为 ±2.5″，测距中误差为 ±3mm。

控制点点位横向中误差宜符合下式要求：

$$m_u \leq m_\Phi \times (0.8 \times d/D) \tag{2-1}$$

式中，m_u——导线点横向中误差（mm）；

$\qquad m_\Phi$——贯通中误差（mm）；

$\qquad d$——控制导线长度（m）；

$\qquad D$——贯通距离（m）。

每次延伸控制导线前，应对已有的控制导线点进行检测，并从稳定的控制点进行延伸测量。控制导线点在综合管廊贯通前应至少测量三次，并应与竖井定向同步进行。

综合管廊长度超过 1500m 时，除满足现行国家标准《工程测量规范》GB 50026 的要求外，还宜将控制导线布设成网或边角锁等。相邻竖井间或相邻车站间综合管廊贯通后，地下平面控制点应构成附合导线（网）。

2.2　地下高程控制测量

高程控制测量应采用二等水准测量方法，并应起算于地下近井水准点。高程控制点可利用地下导线点，单独埋设时宜每 200m 埋设一个。地下高程控制测量的水准线路往返较差、附合或闭合差为 $\pm 8\sqrt{L}$ mm。

水准测量应在管廊贯通前进行三次，并应与传递高程测量同步进行。重复测量的高程点间的高程较差应小于 5mm。满足要求时，应取逐次平均值作为控制点的最终成果指导管廊的掘进。相邻竖井间管廊贯通后，地下高程控制点应构成附合水准路线。

2.3 基坑围护结构施工测量

采用地下连续墙围护基坑时，其施工测量技术要求应符合下列规定：

（1）连续墙的中心线放样中误差应为 ± 10mm；

（2）内外导墙应平行于地下连续墙中线，其放样允许误差应为 ± 5mm；

（3）连续墙槽施工中应测量其深度、宽度和铅垂度；

（4）连续墙竣工后，应测定其实际中心位置与设计中心线的偏差，偏差值应小于 30mm。

采用护坡桩围护基坑时，其施工测量技术要求应符合下列规定：

（1）护坡桩地面位置放样，应依据线路中线控制点或导线点进行，放样允许误差纵向不应大于 100mm、横向为 0 ~ +50mm；

（2）桩成孔过程中，应测量孔深、孔径及其铅垂度；

（3）采用预制桩施工过程中应监测桩的铅垂度；

（4）护坡桩竣工后，应测定各桩位置及与轴线的偏差，其横向允许偏差值为 0 ~ +50mm。

2.4 基坑开挖施工测量

采用自然边坡的基坑，其边坡线位置应根据线路中线控制点进行放样，其放样允许误差为 ± 50mm。基坑开挖过程中，应使用坡度尺或采用其他方法检测边坡坡度，坡脚距管廊结构的距离应满足设计要求。

基坑开挖至底部后，应采用附合导线将线路中线引测到基坑底部。基坑底部线路中线纵向允许误差为 ± 10mm，横向允许误差为 ± 5mm。高程传入基坑底部可采用水准测量方法或光电测距三角高程测量方法。光电测距三角高程测量应对向观测，垂直角观测、距离往返测距各两测回，仪器高和觇标高精确至毫米。水准测量和光电测距三角高程测量精度要求应符合国家现行相关规范的规定。

2.5　结构施工测量

结构底板绑扎钢筋前，应依据线路中线，在底板垫层上标定出钢筋摆放位置，放线允许误差应为 ±10mm。

底板混凝土模板、预埋件和变形缝的位置放样后，必须在混凝土浇筑前进行检核测量。结构边墙、中墙模板支立前，应按设计要求，依据线路中线放样边墙内侧和中墙两侧线，放样允许偏差为 0～+5mm。顶板模板安装过程中，应将线路中线点和顶板宽度测设在模板上，并应测量模板高程，其高程测量允许误差为 0～+10mm。中线测量允许误差为 ±10mm，宽度测量允许误差为 -10～+15mm。

相邻结构贯通后，应进行贯通误差测量。贯通误差测量的内容和方法应参照现行国家标准《工程测量规范》GB 50026 的有关规定执行。结构施工完成后，应对设置在底板上的线路中线点和高程控制点进行复测，测量方法和精度要求应参照现行国家标准《工程测量规范》GB 50026 的有关规定执行。

2.6　贯通误差测量

综合管廊贯通后应利用贯通面两侧平面和高程控制点进行贯通误差测量。贯通误差测量应包括综合管廊的纵向、横向和方位角贯通误差测量以及高程贯通误差测量。

综合管廊的纵向、横向贯通误差，可根据两侧控制点测定贯通面上同一临时点的坐标闭合差，并应分别投影到线路和线路的法线方向上确定；也可利用两侧中线延伸到贯通面上同一里程处各自临时点的间距确定。方位角贯通误差可利用两侧控制点测定与贯通面相邻的同一导线边的方位角较差确定。高程贯通误差应由两侧地下高程控制点测定贯通面附近同一水准点的高程较差确定。

2.7　竣工测量

综合管廊竣工时，为了检查主要结构物位置是否符合设计要求和提供竣工资料，以及为将来运营中的检修工程和设备安装等提供测量控制点，最后须进行竣工测量。

在进行竣工测量时首先要检测中线点，从一端入口测至另一端入口。在检测时，建议直线地段每 50m，曲线地段每 20m，以及需要加测断面处（例如综合管廊断面变换处）打临时中线桩或加以标记。遇到已设好的中线点即加以检测。在检测时要核对其里程及偏离中线的程度，核对综合管廊变换断面处的里程以及衬砌变换处的里程。在中线直线地段每 200m 埋设一个永久中线点；曲线地段则应在 ZH、HY、QZ、YH、HZ 点埋设永久中线点。

综合管廊内水准点，在竣工时宜每公里埋设 1 个。设立的水准点应连成一条水准路线附合在两端入口处水准点上，进行平差后确定各点高程。施工时使用的水准点，当点位稳固且处于不妨碍运营的位置时，应尽量保留即不必另设新点，但其高程须加以检测。设好的水准点，应在边墙上加以标示。必要时在记录上绘出示意图，注明里程及位置，以便使用者找点。

永久中线点、水准点应检测，检测后列出实测成果表，注明里程，作为竣工资料之一。

竣工测量的另一项主要内容是测绘综合管廊的实际净空。建议直线地段每 50m，曲线地段每 20mm 或需要加测断面处测绘综合管廊的实际净空。在测量以前，先根据设立的水准点将各 50m、20m 或有临时中线桩处的高程测设出来，即可进行净空测量。

综合管廊内控制测量工作完成后应交以下资料：

（1）综合管廊内控制测量说明。包括布点情况、施测日期、测量方法和仪器型号、实际贯通面的里程、平差方法、特殊情况及处理结果。

（2）综合管廊内控制测量布点示意图。

（3）测角、量长和高程的实测精度及计算方法。

（4）与综合管廊内外测点联测成果。

（5）导线边边长及各点坐标计算成果。

（6）实际的贯通误差（横、纵、方位角、高程）。

（7）贯通误差的调整方法。

在综合管廊测量中，凡使用新技术、新仪器和新方法，或通过竖井进行测量的综合管廊，应编写技术总结，其内容下：

（1）基本情况；

（2）施测方法及实测精度；

（3）实测的贯通误差值及调整方法；

（4）施测过程中发生的重大问题及处理的情况；

（5）使用和引进新技术的经验教训和体会。

在成果整理当中应注意三角点、导线点、水准点、中线点的名称必须记载正确。同一点名在各种资料中必须一致。成果整理必须做到真实、明确、整洁、格式统一并装订成册。测量成果、资料对日后使用、总结经验和提高技术水平都十分宝贵，必须妥善保管。

竣工测量一般要求提供下列图表：综合管廊长度表、净空表、管廊回填断面图、水准点表、中桩表、坡度表等。

最后应进行整个综合管廊所有测量成果的整理和做出测量的技术总结。

第3章　明挖法施工

3.1　总体要求

综合管廊一般建设在城市的市心地区，同时涉及的线长面广，施工组织和管理的难度大，故应对施工现场、地下管线和构筑物等进行详尽的调查，并了解施工临时用水、用电的供给情况，以保证施工的顺利进行。

基坑（槽）开挖前，应根据围护结构的类型、工程水文地质条件、施工工艺和地面荷载等因素制定施工方案，经审批后方可施工。

基坑的回填应尽快进行，以免长期暴露导致地下水和地表水侵入基坑，并且两侧应均匀回填。因综合管廊属于狭长形结构，两侧回填土的高度较高，如果两侧回填土不对称均匀回填，会产生较大的侧向压力差，严重时导致综合管廊的侧向滑动。

3.2　开挖与支护

3.2.1　一般要求

（1）管道基坑开挖范围内各种管线，施工前应调查清楚，经有关单位同意后方可确定拆迁、改移或采取悬吊措施。

（2）基坑管线悬吊必须事先设计，其支撑结构强度和稳定性等应进行验算。

（3）管道漏水（气）时，必须修理好后方可悬吊，如跨基坑的管道较长或接口有断裂危险时，应更换钢管后悬吊或直接架设在钢梁上。

（4）悬吊或架设管道的钢梁，连接应牢固。吊杆或钢梁与管底应密贴并保持管道原有坡度。

（5）管线应在其下方的原状土开挖前吊挂牢固，经检查合格后，用人工开挖其下部土方。

（6）种类不同的管线，宜单独悬吊或架设，如同时悬吊或架设时，应取得有关单位同意，并采取可靠措施。

（7）跨越基坑的便桥上不得设置管道悬吊。利用便桥墩台作悬吊支撑结构时，悬吊梁应独立设置，并不得与桥梁或桥面系统发生联系。

（8）支护桩或地下连续墙支护的基坑，可利用支护桩或地下连续墙作钢梁或钢丝绳悬吊的支撑结构，但必须稳固可靠。放坡开挖基坑的钢梁支撑墩柱或钢丝绳悬吊的锚桩，锚固端应置于边坡滑动土体以外并经计算确定。

（9）基坑较宽而中间增加支撑柱时，梁、柱连接应牢固。跨越基坑的悬吊管线两端应伸出基坑边缘外距离不小于 1.5m 处，其附近基坑应加强支护，并采取防止地面水流入基坑的措施。

（10）管道下方及其他工序施工时，不得碰撞管道悬吊系统和利用其做起重架、脚手架或模板支撑等。

（11）基坑悬吊两端应设防护，行人不得通行。

（12）基坑两侧正在运行的地下管线应设标志，并不得在其上堆土或放材料、机械等，也不得修建临时设施。

（13）基坑回填前，悬吊管线下应砌筑支墩加固，并按设计要求恢复管线和回填土。

3.2.2　基坑开挖

基坑开挖前应做好下列工作：

（1）制定控制地层变形和基坑支护结构支撑的施工顺序及管理指标；

（2）划分分层及分步开挖的流水段，拟定土方调配计划；

（3）落实弃、存土场地并勘察好运输路线；

（4）测放基坑开挖边坡线，清除基坑范围内障碍物、修整好运输道路、处理好需要悬吊的地下管线。

存土点不得选在建筑物、地下管线和架空线附近，基坑两侧 10m 范围内不得存土。在已回填的综合管廊结构顶部存土时，应核算沉降量后确定堆土高度。基坑应根据地质、环境条件等确定开挖方法，当机械在基坑内开挖并利用通风道或车站出入口做运输车道时，不得损坏地基原状土。基坑开挖宽度，放坡基坑的基底至管道结构边缘距离不得小于 0.5m。设排水沟、集水井或其他设施时，可根据需要适当加宽；支护桩或地下连续墙临时支护的基坑，管道结构边缘至桩、墙边距离不得小于 1m。放坡基坑的边坡坡度，应根据地质、基坑挖深经稳定性分析后确定，必要时应采取加固措施。

基坑必须自上而下分层、分段依次开挖，严禁掏底施工。放坡开挖基坑应随基坑开挖及时刷坡，边坡应平顺并符合设计规定；支护桩支护的基坑，应随基坑开挖及时护壁；地下连续墙或混凝土灌注桩支护的基坑，应在混凝土或锚杆浆液达到设计强度后方可开挖。

支护桩或地下连续墙支护的基坑应在土方挖至其设计位置后及时施工横撑或锚杆。

基坑开挖接近基底 200mm 时，应配合人工清底，不得超挖或扰动基底土。基底应平整压实，其允许偏差为：高程 ±20mm；平整度 20mm，并在 1m 范围内不得多于 1 处。基底经检验合格后，应及时施工混凝土垫层。

基底超挖，扰动、受冻、水浸或发现异物、杂土、淤泥、土质松软及软硬不均等现象时，应做好记录，并会同有关单位研究处理。

基坑开挖及结构施工期间应经常对支护桩、地下连续墙及支撑系统、放坡开挖基坑边坡、管线悬吊和运输便桥等进行检查，必要时尚应进行监测。

土方及打桩、降水、地下连续墙等施工机械，在架空输电线路和通信线路下作业时，其施工的安全距离应符合技术安全规范的规定。雨期施工应沿基坑做好挡水埝和排水沟，冬期施工应及时用保温材料覆盖。

为保证施工安全，基坑开挖安全措施应包括下列内容：

（1）基坑开挖前必须先编写实施性专项施工方案，经审批后报监理、业主审核，审批后现场按专项方案严格组织施工，禁止擅自改变施工方案。

（2）经审批后的基坑开挖专项方案在实施前必须以会议形式对全体施工人员进行方案交底，使全体施工人员熟悉并掌握本工程基坑开挖的特点、分段长度、分层厚度、开挖流程、开挖限定条件、注意事项等，了解设计对基坑开挖的各项要求，了解基坑开挖过程中要保护的对象，允许变形的报警值以及了解应付各种突发事件的方法。

（3）深基坑开挖前应制定详细的危险部位预测施工方案—应急预案，并且根据应急预案备足应急所需的各项材料，指定专人负责施工期间的监护工作台，必要时应采用有效措施防止意外事故的发生。

（4）基坑开挖前，必须先检查基坑降水设备的降水效果，确保在基坑开挖过程中地下水位在基坑开挖设计标高以下 6m。同时对降水设备必须配备双路供电，保证降水设备能够连续运转。

（5）基坑开挖前，按设计要求设置各类监测点，在开挖前必须通知监测组获取各监测点的原始读数，在开挖过程中及时监测，及时获得第一手监测数据，分析总结，以相应调整开挖流程和开挖方案，以期将基坑变形控制在设计范围内，对监测数据超过警戒值的，立即停止开挖施工，分析原因，采取相应措施，对超过警戒值严重的或有严重症状危及基坑安全的应立即停止施工，甚至应将基坑重新回填。

（6）沿开挖基坑顶面设置钢管栏杆，钢管栏杆采用黄、黑相间的上、中、下三道钢管与竖向钢管用十字扣件扣紧，竖向钢管插在基坑顶面圈梁的预留孔内，栏杆高度不低于1.2m，栏杆立设完成后应作防冲撞试验，冲撞力按相应规范执行，栏杆外侧悬挂各类安全警示标志牌，上下深基坑采用搭设钢梯并附设钢管扶手，并且在上下钢梯两侧钢管扶手外以及顶面钢管扶手外立设绿色安全防护网。

（7）基坑开挖前应根据不同土质条件、开挖深度及设计允许的基顶超载量设置合适的安全距离，并且在此安全距离内禁止堆放任何重物，包括土方在内，开挖出来的土方均应堆放至临时弃土场中，以防止外力堆载增加槽壁侧压力发生基坑塌方、侧向位移等事故。

（8）加强对地面、地下排放设施的管理，地下降水设施应有效、连续运转，地上在基坑顶面四周栏杆下设置挡水墙，避免地面水流入基坑内影响基坑稳定。

（9）基坑开挖时需派专人指挥，注意对支承、格构柱、深井管及槽壁的保护，尽最大可能避免碰撞。

（10）基坑开挖过程中加强对地下连续墙结构的渗水渗泥现象的观察，如有此现象，应及时有效地进行封堵。

（11）在基坑开挖过程中，加强对槽壁及支撑底、格构柱的杂物的清除，防止杂物突然掉下危及安全。

（12）在交叉口附近的基坑开挖前，详细查阅设计图纸并现场实地考察地下管线布设情况，与相关管理部门做好协调沟通工作。在对给水排水管、燃气管等管线进行废除或迁改前，先行向相关部门请示汇报，沟通协调好并对相应的管线做好应急关闭措施后，方可施工。且不可未进行沟通，擅自施工，以免影响周边居民正常生活，造成财产损失及发生安全事故。若开挖施工中造成管线破损，要立刻联系相关部门进行维修及补救。如若情况比较严重，有可能发生安全事故时，应立即组织现场人员通过现场设置的逃逸通道紧急疏散，待情况稳定，隐患排除后方可继续施工。

3.2.3 基坑支护

明挖法具有施工简单、快捷、经济、安全的优点，城市地下隧道式工程发展初期都把它作为首选的开挖技术。其缺点是对周围环境的影响较大，关键工序是：降低地下水位，边坡支护，土方开挖，结构施工及防水工程等。其中边坡支护是确保安全施工的关键技术。

综合管廊工程基坑支护方案视现场实际开挖深度和地质情况而定，应选取不同的支护形式。综合管廊基坑支护结构可用拉森钢板桩、钢板桩支护、SMW工法桩支护等，具体选用形式与条件可参考表 3-1，除此以外还应符合现行国家标准《建筑地基基础工程施工质量验收规范》GB 50202 的规定。

支护形式及应用条件   表 3-1

支护桩	应用
土钉墙支护	土钉墙不仅应用于临时支护结构，而且也应用于永久性构筑物，当应用于永久性构筑物时，宜增加喷射混凝土面层的厚度并适当考虑其美观
排桩支护	柱列式排桩支护：当边坡土质较好、地下水位较低时，可利用土拱作用，以稀疏的钻孔灌注桩或挖孔桩作为支护结构 连续排桩支护：在软土中常不能形成土拱，支护桩应连续密排，并在桩间做树根桩或注浆防水；也可以采用钢板桩、钢筋混凝土板桩密排
钢板桩支护	常用于多水的软土地层，预制成型直接打入。主要可以做刚性的止水帷幕
SMW 工法桩支护	SMW 工法最常用的是三轴型钻掘搅拌机，其中钻杆有用于黏性土及用于砂砾土和基岩之分，此外还研制了其他一些机型，用于城市高架桥下等施工，空间受限制的场合，或海底筑墙，或软弱地基加固
拉森钢板桩	适用于浅水低桩承台并且水深 4m 以上，河床覆盖层较厚的砂类土、碎石土和半干性的，钢板桩围堰作为封水、挡土结构，在浅水区基础工程施工中应用较多
咬合桩围护墙	钻孔咬合桩适用于含水砂层地质情况下的地下工程深基坑围护结构，由于钻孔咬合桩的钢筋混凝土桩与素混凝土桩切割咬合成排桩围护，对基坑开挖的防水效果很好
型钢水泥土搅拌墙	适用于填土、淤泥质土、黏性土、粉土、砂性土、饱和黄土等地层和市政工程基坑支护中型钢水泥土搅拌墙的设计、施工和质量检查与验收。对淤泥、泥炭土、有机质土以及地下水具有腐蚀性和无工程经验的地区，必须通过现场试验确定其适用性
地下连续墙	适用于： （1）处于软弱地基的深大基坑，周围又有密集的建筑群或重要地下管线，对周围地面沉降和建筑物沉降要求需严格限制时 （2）围护结构亦作为主体结构的一部分，且对抗渗有较严格要求时 （3）采用逆作法施工，地上和地下同步施工时
水泥土重力式挡墙	当基坑挖深不超过 7m 时，可考虑采用水泥土重力式挡土墙支护，当周边环境要求较高时，基坑开挖深度宜控制在 5m 以内
锚杆	适用于岩石高削坡混凝土支护挡墙和风化岩石混凝土、砂浆护坡

1. SMW 工法桩

（1）SMW 搅拌桩施工工艺流程

SMW 工法围护桩施工工艺：测量放线→开挖导沟→安置导轨和定位型钢架→三轴中心定位→泥浆制备→桩机定位→成桩和注浆→型钢的加工与焊接→型钢吊装与插入。

1）施工场地平整

施工前，首先进行施工区域内场地的平整，清除表面硬物，素土夯实。路基承重荷载以能行走 50T 履带吊车及履带式桩架为准，为确保安全，在任何路基上桩机负重及行走须在路基板上进行。

2）定位放样

测量人员根据业主和施工图提供的水准点和坐标点，严格按照设计图纸进行放样定位及高程引测工作，放出结构轴线，并做好永久和临时标志，然后请现场监理复测。为防止搅拌桩向内倾斜造成内衬厚度不足，影响结构安全使用，可按照 SMW 桩桩位中心外放 5cm 进行。

3）开挖导沟

开挖导向沟余土应及时处理，以保证桩机水平行走，并达到文明施工的要求。

4）安装定位型钢

5）钻机定位

①桩位放样：根据业主提供的坐标及水准点，由现场技术人员放出桩位，施工过程中桩位误差必须小于 20mm。

②移动搅拌机到达作业位置，并调整桩架垂直度达到 3‰以内。桩机移动结束后认真检查定位情况并及时纠正。定位后再进行复核，偏差值应小于 2cm。搅拌桩桩长控制很重要，施工前应在钻杆上做好标记，控制搅拌桩桩长不得小于设计桩长，当桩长变化时擦去旧标记，做好新标记。

6）搅拌下沉

现场设专人跟踪检测、监督桩机下沉速度，可在桩架上每隔 1m 设明显标记，用秒表测试钻杆速度以便及时调整钻机速度，以达到搅拌均匀的目的。直至钻头下沉钻进至桩底标高。

7）注浆、搅拌、提升

在施工现场搭建拌浆施工平台，平台附近搭建水泥库，在开机前应进行浆液的拌制，开钻前对拌浆工作人员做好交底工作。

开动灰浆泵，待纯水泥浆到达搅拌头后，按设计要求的速度提升搅拌头，边注浆、边搅拌、边提升，使水泥浆和原地基土充分拌和，直至提升到离地面 50cm 处或桩顶设计标高后再关闭灰浆泵。搅拌桩桩体应搅拌均匀，表面要密实、平整。桩顶凿除部分的水泥土也应上提注浆，确保桩体的连续性和桩体质量。

8）型钢插入

①H 型钢减摩剂施工

H 型钢的减摩，是 H 型钢插入和顶拔顺利的关键工序，施工中成立专业班组严格控制，减摩制作主要通过涂刷减摩剂来实现。

清除 H 型钢表面的污垢和铁锈。使用电热棒将减摩剂加热至完全熔化，用搅拌棒搅动厚薄均匀，方可涂敷于 H 型钢表面，否则减摩剂涂层不均匀容易产生剥落。

如遇雨雪天气，H 型钢表面潮湿，应事先用抹布擦去型钢表面积水，再使用氧气加热或喷灯加热，待型钢干燥后方可涂刷减摩剂。H 型钢表面涂刷完减摩剂后若出现剥落现象应及时重新涂刷。

②H 型钢插入施工

a. 起吊前在距 H 型钢顶端 15～20cm 处开一中心孔，孔径 4～10cm 之间，装好吊具和固定钩，然后用 25t 吊车起吊 H 型钢，必须保持垂直。

b. 在沟槽定位型钢上设 H 型钢定位卡固定，然后将 H 型钢底部中心对正桩位中心并沿定位卡利用自重徐徐垂直插入水泥土搅拌桩体内，若未插放到设计标高将用振动锤夹住 H 型钢再振动至设计标高，用线锤或经纬仪控制垂直度，垂直度偏差应小于 3‰，如图 3-1 所示。

c. 当 H 型钢插放到设计标高时，用吊筋将 H 型钢固定。溢出的水泥土必须进行处理，控制到一定标高，以便进行下道工序施工。

d. 待水泥土搅拌桩硬化到一定程度后，将吊筋与槽沟定位型钢撤除。

9）圈梁施工

①SMW 搅拌桩作为基坑挡土的支护结构，每根必须通过桩顶冠梁共同作用，使每一根桩都能连成一个整体共同受力。

②冠顶梁施工安排在 SMW 搅拌桩完成后组织施工。可采用组合钢模板，现场绑扎钢筋，商品混凝土运至现场灌注，插入式振动器捣固密实，洒水养生（图 3-2）。

图 3-1 H 型钢插入施工

图 3-2 冠梁钢筋绑扎

③清除 SMW 搅拌桩桩顶的余土、浮浆并将桩顶水泥土凿毛，并用清水洗干净。

④按设计要求和构造要求绑扎冠顶梁钢筋。分段施工，注意预留足够的主筋长度与下节冠顶梁主筋的搭接。

⑤侧模可采用组合钢模板。模板在安装前要涂隔离剂，以利脱模。

⑥冠顶梁混凝土一次浇筑完成，冠顶梁的洒水养护时间不少于 14 天，冠顶梁施工时采用 4mm 厚的泡沫塑料板将型钢包扎与混凝土隔离。

10）回收 H 型钢

结构施工结束后，需将 SMW 桩体内的型钢拔出回收利用。整个拔出过程加强两方面的工作：

①使用专用夹具及油压千斤顶以冠顶梁为基座起拔 H 型钢。同时在拔出过程中用一台车吊住型钢，防止失稳。

②配置 6% ~ 8% 的水泥砂浆，使其自流充填 H 型钢拔出后的空隙。

2. 拉森钢板桩

拉森钢板桩是一种带锁口或钳口的热轧型钢，其用于基坑支持是依靠锁口或钳口相互连接咬合，形成连续钢板桩墙体来挡土挡水。拉森钢板桩锁口紧密，水密性强。

（1）一般要求

拉森钢板桩采用履带式液压挖土机带液压振锤的锤机施打，施打前先查明地下管线、构筑物情况，测放出支护桩中心线。

1）拉森钢板桩的设置位置要符合设计要求，以防偏位影响管廊主体结构施工。

2）打桩前，对钢板桩逐根检查，剔除连接锁口锈蚀、变形严重的钢板桩，不合格者待修整后才可使用。

3）基坑护壁钢板桩的平面布置形状应尽量平直整齐，避免不规则的转角，以便标准钢板桩的利用和支撑设置。

4）整个基础施工期间，在挖土、吊运、绑扎钢筋、浇筑混凝土等施工作业中，严禁碰撞支撑，禁止任意拆除支撑，禁止在支撑上任意切割、电焊，也不应在支撑上搁置重物。

5）在打桩及打桩机开行范围内清除地面及地下障碍、平整场地、做好排水沟、修筑临时道路。

6）施打前板桩咬口处宜涂抹黄油以保证施打的顺利和提高防水效果。

（2）钢板桩的检验、矫正、吊装及堆放

1）钢板桩的检验

①钢板桩运到工地后，需进行整理。清除锁口内杂物（如电焊瘤渣、废填充物等），对缺陷部位加以整修。

②用于基坑临时支护的钢板桩，主要进行外观检验，包括表面缺陷、长度、宽度、厚度、高度、端头矩形比、平直度和锁口形状等，新钢板桩必须符合同厂质量标准，重复使用的钢板桩应符合检验标准要求，否则在打设前应予以矫正。

③锁口检查的方法：用一块长约2m的同类型、同规格的钢板桩作标准，将所有同型号的钢板桩做锁口通过检查。检查采用卷扬机拉动标准钢板桩平车，从桩头至桩尾作锁口通过检查。对于检查出的锁口扭曲及"死弯"进行校正。

④为确保每片钢板桩的两侧锁口平行。同时，尽可能使钢板桩的宽度都在同一宽度规格内。需要进行宽度检查，方法是：对于每片钢板桩分为上中下三部分用钢尺测量其宽度，使每片桩的宽度在同一尺寸内，每片相邻数差值以小于1为宜。对于肉眼看到的局部变形可进行加密测量。对于超出偏差的钢板桩应尽量不用。

⑤钢板桩的其他检查，对于桩身残缺、残迹、不整洁、锈皮、卷曲等都要做全面检查，并采取相应措施，以确保正常使用。

⑥锁口润滑及防渗措施，对于检查合格的钢板桩，为保证钢板桩在施工过程中能顺利插拔，并增加钢板桩在使用时的防渗性能。每片钢板桩锁口都须均匀涂以混合油，其体积配合比为黄油：干膨润土：干锯末＝5：5：3。

2）钢板桩的矫正

①表面缺陷矫正。先清洗缺陷附近表面的锈蚀和油污，然后用焊接修补的方法补平，再用砂轮磨平。

②端头矩形比矫正。一般用氧乙炔切割桩端，使其与轴线保持垂直，然后再用砂轮对切割面进行磨平修整。当修整量不大时，也可直接采用砂轮进行修理。

③桩体挠曲矫正。腹向弯曲矫正是将钢板桩弯曲段的两端固定在支承点上，用设置在龙门式顶梁架上的千斤顶顶在钢板桩凹凸处进行冷弯矫正；侧向弯曲矫正通常在专门的矫正平台上进行，将钢板桩弯曲段的两端固定在矫正平台的支座上，用设置在钢板桩的弯曲段侧面矫正平台上的千斤顶顶压钢板桩弯凸处，进行冷弯矫正。

④桩体扭曲矫正。这种矫正较复杂，可根据钢板桩扭曲情况，采用③中的方法矫正。

⑤桩体截面局部变形矫正。对局部变形处用千斤顶顶压、大锤敲击与氧乙炔焰热烘相结合的方法进行矫正。

⑥锁口变形矫正。用标准钢板作为锁口整形胎具，采用慢速卷扬机牵拉调整处理，或采用氧乙炔热烘和大锤敲击胎具推进的方法进行调直处理。

3）钢板桩吊运及堆放

①装卸钢板桩宜采用两点吊。吊运时，每次起吊的钢板桩根数不宜过多，并应注意保护锁口免受损伤。吊运方式有成捆起吊和单根起吊。成捆起吊通常采用钢索捆扎，而单根吊运常用专用的吊具。

②钢板桩堆放的地点，要选择在不会因压重而发生较大沉陷变形的平坦而坚固的场地上，并便于运往打桩施工现场，必要时对场地地基土进行压实处理。堆放时应注意：

a.堆放的顺序、位置、方向和平面布置等应考虑到以后的施工方便；

b.钢板桩要按型号、规格、长度分别堆放，并设置标牌说明；

c.钢板桩应分层堆放，每层堆放数量一般不超过5根，各层间要垫枕木，垫木间距一般为3~4m，且上、下层垫木应在同一垂直线上，堆放的总高度不宜超过2m。

（3）沟槽开挖

开挖的土方不得堆在沟槽附近，以免影响沉桩。

（4）导架的安装

在钢板桩施工中，为保证沉桩轴线位置的正确和桩的竖直，控制桩的打入精度，防止板桩的屈曲变形和提高桩的贯入能力，一般都需要设置一定刚度的、坚固的导架，亦称"施工围檩"。

安装导架时应注意以下几点：

1）采用全站仪和水平仪控制和调整导梁的位置。

2）导梁的高度要适宜，要有利于控制钢板桩的施工高度和提高施工工效。

3）导梁不能随着钢板桩的打设而产生下沉和变形。

4）导梁的位置应尽量垂直，并不能与钢板桩碰撞。

（5）钢板桩施打

拉森钢板桩施工关系到施工止水和安全，是管廊工程施工最关键的工序之一，在施工中要注意以下施工有关要求：

1）全线采用密扣拉森钢板桩。河道中的拉森钢板桩采用水上液压钳式振动打桩机施打，陆地段的拉森钢板桩采用液压钳式振动打桩机施打。施打前一定要熟悉地下管线、构筑物的情况，认真放出准确的支护桩中线。

2）打桩前，对钢板桩逐根检查，剔除连接锁口锈蚀、变形严重的钢板桩，不合格者待修整后才可使用。

3）打桩前，在钢板桩的锁口内涂油脂，以方便打入拔出。

4）在插打过程中随时测量监控每块桩的斜度不超过 2%，当偏斜过大不能用拉齐方法调正时，拔起重打。

5）钢板桩施打采用屏风式打入法施工。屏风式打入法不易使板桩发生屈曲、扭转、倾斜和墙面凹凸，打入精度高，易于实现封闭合拢。施工时，将 10 ~ 20 根钢板桩成排插入导架内，使它呈屏风状，然后再施打。通常将屏风墙两端的一组钢板桩打至设计标高或一定深度，并严格控制垂直度，用电焊固定在围檩上，然后在中间按顺序分 1/3 或 1/2 板桩高度打入。

屏风式打入法的施工顺序有正向顺序、逆向顺序、往复顺序、中分顺序、中和顺序和复合顺序。施打顺序对板桩垂直度、位移、轴线方向的伸缩、板桩墙的凹凸及打桩效率有直接影响。因此，施打顺序是板桩施工工艺的关键之一。其选择原则是：当屏风墙两端已打设的板桩呈逆向倾斜时，应采用正向顺序施打；反之，用逆向顺序施打；当屏风墙两端板桩保持垂直状况时，可采用往复顺序施打；当板桩墙长度很长时，可用复合顺序施打。总之，施工中应根据具体情况变化施打顺序，采用一种或多种施打顺序，逐步将板桩打至设计标高，一次打入的深度一般为 0.5 ~ 3.0m。

钢板桩打设的公差标准为：板桩轴线偏差：±10cm；桩顶标高：±10cm。

6）密扣且保证开挖后入土不小于 2m，保证钢板桩顺利合拢；特别是工作井的四个角要使用转角钢板桩，若没有此类钢板桩，则用旧轮胎或烂布塞缝等辅助措施密封。

7）打入桩后，及时进行桩体的闭水性检查，对漏水处进行焊接修补，每天派专人检查桩体。

3.3　基坑施工

综合管廊基坑土方采用反铲挖掘机开挖，填方路段开挖深度为 2.0 ~ 2.5m，相对路堑段下面，开挖深度为 4.7 ~ 5.4m。土方开挖采用后退式进行，分层开挖深度不超过 2.0m。挖出土方直接运往堆放点。开挖时按施工分段跳跃式进行。

3.3.1 基坑施工工艺和要求

（1）测量放样定出中心桩、槽边线、堆土堆料界线及临时用地范围；

（2）开挖前，提前打设井点降水，在地下水位稳定在槽底以下 0.5m 才可进行土方开挖。开挖后必须及时支撑，以防止槽壁失稳而导致基坑坍塌；

（3）开挖基坑达设计标高后，报监理工程师验收并做土工试验，检查地基承载力合格后应尽快进行地基垫层施工，以防渗水浸泡基底；

（4）基坑开挖时其断面尺寸必须准确，沟底平直，沟内无塌方、无积水、无各种油类及杂物，转角符合设计要求；

（5）挖沟时不允许破坏沟底原状土，若沟底原状土不可避免被破坏时，必须用原土夯实平整；

（6）开挖后底土方如达到回填质量要求并经监理工程师确认后应用于填筑材料，不适用于回填的土料弃于业主、监理工程师指定地点；

（7）基底土质与设计不符时，应报监理工程师研究讨论，然后进行软基处理；

（8）开挖时应严格按施工方案规定的施工顺序进行土方开挖施工，开挖宜分层、分段依次进行，形成一定坡度以利于排水：

（9）开挖完成后，应及时做好防护措施，尽量防止基土的扰动；

（10）边坡应严格按图纸施工，不允许欠挖和超挖，采用机械开挖时，边坡应用人工修整；

（11）夜间开挖时，应有足够的照明设施，并要合理安排开挖顺序，防止错挖或超挖；

（12）开挖基槽或管廊设计标高后，报监理工程师验收和做土工试验，进行地基垫层施工，以防渗水浸泡基底；

（13）土方工程挖方和场地平整允许偏差值见表 3-2。

挖方和场地平整允许偏差表　　　　　　　　　　　　　表 3-2

序号	项目	允许偏差（mm）	检验方法
1	表面标高	+0.0、-50	用水准仪检查
2	长度、宽度	+200，-50	用经纬仪、拉线和尺量检查
3	边坡偏陡	不允许	观察或用坡度尺检查
4	表面平整度	20	2m 靠尺和楔形塞尺检查

3.3.2　基坑土方回填质量保证措施

（1）回填材料选用合适的挖出土或经试验合格的外运材料。回填前，确保基坑内无积水，不得回填淤泥、腐殖土、冻土及有机物质。

（2）管廊在回填土前必须经验收合格后方可回填。

（3）基坑回填时应对称回填，确保管线及构筑物不产生位移，必要时采取适当的限位措施。

（4）基坑回填采用分层对称回填并夯实的施工方法，每层回填高度不大于0.2m，对中管顶0.4m范围内用人工夯实处理。

（5）基槽回填的密实度要求接以下执行：

1）基地持力层：>0.95；

2）综合管廊两侧：>0.90；

3）综合管廊顶板以上25cm范围内：>0.87；

4）综合管廊顶板以上25cm至地基：>0.93。

（6）回填土夯压达不到要求的密实度时，可根据具体情况加适量石灰土、砂、砂砾或其他可达到要求密实度的材料。

（7）回填时，为防止管廊中心线位移或损坏管廊，应用人工先将管子周围土夯实，并应从管廊两边同时进行，直至管顶0.5m以上。

（8）回填土方每层压实后，应按规范规定进行环刀取样，测出干土的质量密度，达到要求后，再进行上一层的填土。

3.3.3　监测与保护

1. 监测内容

为确保综合管廊工程的顺利进行和周围现有建筑物的安全，应加强施工监测，实行信息化施工，随时预报，及时处理，防患未然。根据基坑工程的实际情况，一般现场监控量测项目有：

（1）围护结构顶水平位移及竖向位移：围护结构的每个角点，短边中点，沿基坑长度方向间距不大于20m布置一个测点，每边监测点不少于3个。

（2）围护墙深层水平位移：短边中点，阳角处及有代表性的部位，沿基坑长度方向间距40m布置一测点，每边不少于1个测点。监测剖面应与坑边垂直，数量视具体情况确定。

（3）地面沉降：沿基坑长度方向间距40m布置一监测剖面，监测剖面应与坑边垂直。每监测剖面基坑两侧各布置3~5个测点（根据周边建筑物情况适当加密）。

（4）地下水位：沿基坑长度方向每40m布置1个水位观测孔。相邻建筑、重要管线或管线密集处应布置水位监测点，当有止水帷幕时，宜布置在止水帷幕外侧约2m处。水位观测管的管底埋置深度应在最低设计水位或最低允许地下水位以下3~5m。承压水水位监测管的滤管应埋置在所测的承压含水层中。

（5）支撑的轴力：选择有代表性的支撑，布置1组轴力测点。

（6）重要管线监测：对临近基坑及与基坑相交的管线作重点监测，测点平面间距15~25m，布设于管线的节点、转折点及变形曲率较大的部位。

（7）建筑物监测：对临近基坑的建筑物作重点监测，竖向位移监测点布置于建筑四角、沿外墙每10~15m处或每隔2~3根柱基上且每侧不少于3个监测点。水平位移监测点应布置在建筑的外墙墙角、外墙中间部位的墙上或柱上、裂缝两侧以及其他有代表性的部位，监测点间距视具体情况而定，一侧墙体的监测点不宜少于3点。

（8）临时立柱位移监测：基坑中部，测点不少于立柱根数的10%。

所有监测数据必须有完整的记录，定期监测，并将监测结果报告建设、监理、设计单位。

2. 监测要求

（1）为了确保监测数据的可靠性，应由专业第三方监测单位承担监测工作；

（2）监测项目的测点布置、观测频率等应符合现行国家标准《建筑基坑工程监测技术规范》GB 50497的有关要求，测点可根据现场实际情况适当调整；

（3）对基坑周围环境的监测，应在基坑开挖前开始进行，并将测得的原始数据以及周围现状记录在案；

（4）观测数据一般应当天填入规定的记录表格，并及时提供建设、设计、监理、施工单位；

（5）每天的数据应绘制成相关曲线，根据其发展趋势分析整个基坑稳定情况，以便及时采取相应的安全措施；

（6）基坑挖土施工开始后，每一周应提供基坑开挖一周监测阶段总结报告，具体内容包括一周时间内所有监测项目的发展情况，内力或变形最大值以及最大位置，如测量值大于控制值时，应及时通知相关单位以便采取应急措施；

（7）监测流程可参考图3-3执行。

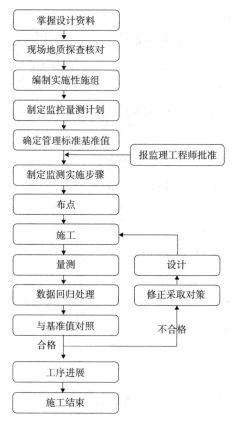

图 3-3 施工监测流程图

3. 监测目的

明挖基坑开挖过程中，土体性状和支护结构的受力状况都在不断变化，支护结构受地质、荷载、材料、施工工艺及环境等诸多因素影响也较大，特别是对于水压力的取值问题，理论计算值有时与实际现场的地下水位相差较大，造成理论预测还不能全面而准确地反映工程的各种变化。为确保基坑安全、稳定，在施工过程中必须对地层和支护结构进行动态监测，为施工提供可靠的信息，以达到科学指导施工、合理修改设计或及时采取施工技术措施的目的。

4. 监测警戒值

基坑监测报警值的大小应根据基坑侧壁安全等级、重要性、变形控制等级及周边保护对象的重要性来确定。

结合相关工程经验，建议报警值如下（h 为基坑开挖深度、d 为时间天、H 为构筑物高度）：

（1）边坡顶部水平位移

累计警戒值：min（50mm，0.8%h）

日警戒值：3mm/d

（2）边坡顶部竖向位移

累计警戒值：min（30mm，0.6%h）

日警戒值：2mm/d

（3）深层土体位移

累计警戒值：min（50mm，1.0%）

日警戒值：3mm/d

（4）周边地面竖向位移

累计警戒值：50mm

日警戒值：3mm/d

（5）地下水位变化

累计警戒值：1000mm

日警戒值：500mm/d

（6）邻近建（构）筑物沉降

累计警戒值：min（最大沉降10~60mm，差异沉降h/500）

日警戒值：0.1H/1000

当监测项目的变化速率连续3天超过报警值的50%，应报警。基坑监测频率应符合表3-3的规定。

基坑监测频率一览表表　　　　　　　　　　　　　　　　　　表3-3

基坑类别	施工进度		基坑设计开挖深度（m）			
			≤5	5~10	10~15	>15
一级	开挖深度（m）	≤5	1次/1d	1次/2d	1次/2d	1次/2d
		5~10			1次/1d	1次/1d	1次/1d
		>10				2次/1d	2次/1d
	底板浇筑后时间（d）	≤7	1次/1d	1次/2d	2次/1d	2次/1d
		7~14	1次/3d	1次/2d	1次/1d	1次/1d
		14~28	1次/5d	1次/3d	1次/2d	1次/1d
		>28	1次/7d	1次/5d	1次/3d	1次/3d

基坑类别	施工进度		基坑设计开挖深度（m）			
			≤ 5	5 ~ 10	10 ~ 15	>15
二级	开挖深度（m）	≤ 5	1 次 /2d	1 次 /2d		
		5 ~ 10		1 次 /1d		
	底板浇筑后时间（d）	≤ 7	1 次 /2d	1 次 /2d		
		7 ~ 14	1 次 /3d	1 次 /3d		
		14 ~ 28	1 次 /7d	1 次 /5d		
		> 28	1 次 /10d	1 次 /7d		

综合管廊工程施工时，周边各类管线繁多，埋深不一，为做好管线保护工作，防止各类管线事故的发生，在开工前还应做下列工作：

（1）动土前由工程部管线负责人组织对现场主管工程师、管线安全员进行交底；主管工程师对劳务队伍、生产工人进行交底。

（2）管线探槽开挖前必须由测量人放出点位，提前设立管线标识牌。

（3）动土、钻孔前必须经过管线安全员、测量员、主管工程师签字同意。

（4）动土过程中管线安全员要现场监督，检查动土手续是否完善，监督操作是否规范、土体是否稳定、支护是否及时等，发现隐患有权要求停止作业。

（5）依据图纸探槽开挖到指定深度后仍无地下管线时，管线安全员要及时查找原因寻探管线，原因未调查清楚、管线未寻探到之前不得进行下道工序。

（6）发现地下管线后管线负责人必须及时联系相关产权单位进行确认并设立（更新）标示牌。

（7）待产权单位确认完成后，管线负责人及时报监理审批后方可回填。

（8）由管线负责人组织对地下管线确认完成后，进行下一步交底（需要进行现场保护的进行现场保护；需要等待临时迁改的先进行现场保护；产权单位明确废弃的管线现场进行拆除封堵；对于未知的管线进行报纸公示，公示期后未有产权单位的依据管道性质进行现场处理）。处理完成后，由项目总工组织管线负责人、主管工程师、管线安全员进行验收。

（9）对于公示后仍无回应，管线负责人经得项目部主管生产副经理、监理、业主逐级同意后，组织主管工程师、管线安全员签字同意后废除，废除过程主管工程师和管线安全员必须现场旁站监督。管线废除后由工程部对管线安全员、现场主管工程师、劳务队伍、生产工人进行管线废除交底。

（10）对于临近动土、打桩作业及存在隐患的部位管线，现场测量员、安全员、主管工程师、管线负责人制定出保护方案（防护、小范围迁改、隔离等保护措施），经主管领导和监理同意后实施，实施过程中管线安全员、主管工程师等必须现场旁站监督。临近管线 50cm 范围内的动土、打桩作业不得在夜间进行。

（11）大量降雨、土方开挖、大型机械设备运转等过程涉及管线安全时要加强监测工作，做好防护、保护措施。

（12）管线安全管理人员对管线标识牌做好维护管理，认真、如实做好巡查记录。

3.4 基底加固

场地土的液化是处于地下水位以下的饱和砂土和粉土的土颗粒结构，受到地震作用时将趋于密实，使空隙水压力急剧上升，而在地震作用的短暂时间内，这种急剧上升的空隙水压力来不及消散，使原有土颗粒通过接触点传递的压力减小，当有效压力完全消失时，土颗粒处于悬浮状态之中。这时，土体完全失去抗剪强度而显示出近于液体的特性，这种现象称为液化。

饱和的疏松粉、细砂土体在振动作用下有颗粒移动和变密的趋势，对应力的承受从砂土骨架转向水，由于粉和细砂土的渗透力不良，孔隙水压力会急剧增大，当孔隙水压力大到总应力值时，有效应力就降到 0，颗粒悬浮在水中，砂土体即发生液化。砂土液化后，孔隙水在超孔隙水压力下自下向上运动。如果砂土层上部没有渗透性更差的覆盖层，地下水即大面积溢于地表；如果砂土层上部有渗透性更弱的黏性土层，当超孔隙水压力超过盖层强度，地下水就会携带砂粒冲破盖层或沿盖层裂隙喷出地表，产生喷水冒砂现象。地震、爆炸、机械振动等都可以引起砂土液化现象，尤其是地震引起的范围广、危害性更大。

砂土液化的防治，主要从预防砂土液化的发生和防止或减轻管廊不均匀沉陷两方面入手。包括合理选择场地；采取振冲、夯实、爆炸、挤密桩等地基加固措施，提高砂土密度；排水降低砂土孔隙水压力；换土，板桩围封，以及采用整体性较好的筏基、深桩基等方法。

基地抗液化措施应根据地基的液化等级选择，并且不应将未经处理的液化土层作为天然地基持力层。处理可液化地基的方法：

（1）换填法；

（2）强夯法；

（3）砂桩法。

减轻液化影响的基础和上部结构处理可综合采用各项措施，主要是：（1）选择合适的基础埋置深度。（2）调整基础底面积，减少基础偏心。（3）加强基础的整体性和刚度。（4）管道穿过建筑处应预留足够尺寸或采用柔性接头等。

3.5　质量验收

3.5.1　一般要求

明挖基坑必须保持地下水位稳定在基底 0.5m 以下。明挖基坑采用钻孔灌注桩、地下连续墙及横撑或锚索 / 杆等围护，必须经过计算，符合设计及施工要求。

3.5.2　开挖

基坑开挖应符合下列规定。

1. 主控项目

（1）土方开挖标高允许偏差应符合表 3-4 的规定。

土方开挖标高允许偏差　　　　　　　表 3-4

	检查项目		允许偏差（mm）	检查数量		检验方法
				范围	点数	
1	基坑		−50	每 10m	4	水准仪测量
2	场地平整	人工	±30	每 10m	4	水准仪测量
3		机械	±50	每 10m	4	水准仪测量
4	管沟		−50	每 10m	4	水准仪测量

（2）土方开挖平面尺寸允许偏差应符合表 3-5 的规定。

土方开挖平面尺寸允许偏差　　　　　　表 3-5

	检查项目	允许偏差（mm）	检查数量		检验方法
			范围	点数	
1	基坑	+200 −50	每 10m	4	全站仪测量

续表

检查项目		允许偏差（mm）	检查数量		检验方法
			范围	点数	
2	场地平整 人工	+300 −100	每10m	4	全站仪测量
3	场地平整 机械	+500 −150	每10m	4	全站仪测量
4	管沟	+100	每10m	4	全站仪测量

（3）基坑边坡稳定、围护结构安全可靠，无变形、沉降、位移，无线流现象；基底无隆起、沉陷、涌水（砂）等现象；

检查数量：每个开挖段。

检验方法：观察或坡度尺检查；检查监测记录、施工记录。

2. 一般项目

（1）基坑表面平整度允许偏差应符合表3-6的规定。

基坑表面平整度允许偏差　　　　　　　　　　　　　表3-6

检查项目		允许偏差（mm）	检查数量		检验方法
			范围	点数	
1	基坑	20	每10m	2	靠尺或水准仪测量
2	场地平整 人工	20	每10m	2	靠尺或水准仪测量
3	场地平整 机械	50	每10m	2	靠尺或水准仪测量
4	管沟	20	每10m	2	靠尺或水准仪测量

（2）基底土性应符合设计要求。

检查数量：全数检查。

检验方法：观察或土样分析。

3.5.3 钢或混凝土支撑系统

钢或混凝土支撑系统应符合下列规定：

1. 主控项目

（1）支撑位置允许偏差应符合下列规定：

1）标高：30mm；

2）平面：100mm。

检查数量：全数检查。

检验方法：分别用水准仪和钢尺测量。

（2）预加顶力允许偏差范围应为 ±50kN。

检查数量：全数检查。

检验方法：查看油泵读数或传感器。

2. 一般项目

（1）围檩标高允许偏差范围应为 30mm。

检查数量：全数检查。

检验方法：水准仪测量。

（2）开挖超深深度应小于 200mm。

检查数量：全数检查。

检验方法：水准仪测量。

3.5.4　钻孔灌注桩

钻孔灌注桩的质量验收应符合以下规定。

1. 主控项目

（1）钻孔灌注桩的原材料、混凝土强度和桩体质量必须符合设计要求。

检验数量：施工单位按原材料进场的批次和产品的抽样检验，方案检验，混凝土试件制作，同一配合比每班不少于 1 组，泥浆护壁成孔桩每 5 根不少于 1 组；监理单位按施工单位检验数量的 30% 作见证检验或按 10% 作平行检验。桩体质量检验数量应符合相关规定。

检验方法：观察检查和检查材料合格证、试验报告；桩体质量检验方法应符合相关规定。

（2）灌注桩的桩位必须符合设计要求，其允许偏差为：顺轴线方向 ±50mm，垂直轴线方向 0~30mm。

检验数量：施工单位、监理单位全数检查。

检验方法：经纬仪、尺量。

（3）成孔深度必须符合设计要求，其允许偏差为 +300mm。

检验数量：施工单位、监理单位逐孔检查。

检验方法：用钢尺量。

（4）混凝土灌注桩的钢筋笼的制作必须符合设计要求。其允许偏差为：主筋

间距 ±10mm，箍筋间距 ±20mm，钢筋笼直径 ±10mm，长度 ±30mm。

检验数量：施工单位全数检验，监理单位按施工单位检验数量的 30% 作见证检验或按 10% 作平行检验。

检验方法：观察、尺量。

2．一般项目

（1）浇筑水下混凝土前应清底，桩底沉渣允许厚度为：摩擦桩应不大于150mm，端承桩应不大于 50mm。

检验数量：施工单位全部检查。

检验方法：测量并填写记录。

（2）混凝土灌注桩的允许偏差及检验方法应符合表 3-7 的规定，且桩身不得侵入管廊的设计轮廓线内。

检验数量：施工单位全部检查。

检验方法：测量并填写记录。

灌注桩的允许偏差和检验方法　　　　　　　　　　　　表 3-7

序号	检查项目	允许偏差或允许值		检验方法
		单位	数值	
1	桩身垂直度	‰	5	吊线吊量计算，测斜仪
2	桩径	mm	±5	用钢尺量
3	泥浆比重（黏土或砂性土）	1.15～1.20		用比重计，清孔后在距孔底 50cm 处取样
4	泥浆面标高（高于地下水位）	m	0.5～1.0	目测
5	沉渣厚度：端承桩 摩擦桩	mm mm	≤50 ≤150	用沉渣仪或重锤测量
6	混凝土坍落度：水下灌注干施工	mm mm	160～210 100～210	坍落度仪
7	钢筋笼安装深度	mm	±50	用钢尺量
8	混凝土充盈系数		>1	检查每根桩的实际灌注量
9	桩顶标高	mm	+30 −50	水准仪，需扣除桩顶浮浆层及劣质桩体

3.5.5　地下连续墙的质量验收

1. 主控项目

（1）地下连续墙工程所用原材料、墙体强度必须符合设计要求。

检验数量：施工单位按每一单元槽段混凝土制作抗压强度试件一组，每 5 个槽段应制作抗渗压力试件一组。钢筋、水泥等原材料按进场的批次和产品的抽样检验方案确定；监理单位按施工单位检验数量的 30% 作见证检验或按 10% 作平行检验。

检验方法：观察和检查材料合格证、检查试验报告。

（2）导墙位置及挖槽的平面位置、长度、深度、宽度和垂直度、槽底沉渣厚度应符合设计要求。

检验数量：施工单位全数检查，监理单位按施工单位检验数量的 30% 作见证检验。

检验方法：尺量、检查挖槽施上记录，用测斜仪检测。

（3）地下连续墙的钢筋骨架和预埋管件的安装应基本无变形，预埋件无松动和遗漏，标高、位置应符合设计要求。

检验数量：施工单位、监理单位按单元槽段全数检查。

检验方法：观察和尺量。

（4）地下连续墙的裸露墙面应表面密实、无渗漏。孔洞、露筋、蜂窝累计面积不超过单元槽段裸露面积的 5%。

检验数量：施工单位、监理单位按单元槽段全数检查。

检验方法：观察和尺量。

（5）地下连续墙的垂直度：永久结构允许偏差为 1/300，临时结构允许偏差为 1/150；局部突出不宜大于 100mm，且墙体不得侵入管廊净空。

检验数量：施工单位全数检查、监理单位按施工单位检验数量的 30% 作见证检验。

检验方法：超声波测槽仪或成槽机上的监测系统。

2. 一般项目

地下连续墙的允许偏差及检验方法应符合表 3-8 的规定。

检验数量：施工单位全数检查、监理单位按施工单位检验数量的 30% 作见证检验或按 10% 作平行检验。

地下连续墙各部允许偏差和检验方法 表 3-8

序号	检查项目		允许偏差或允许值（mm）	检验方法
1	导墙尺寸	宽度	W+40	用钢尺量，W 为导墙设计宽度
		墙面平整度	＜5	用钢尺量
		导墙平面位置	±10	用钢尺量
2	沉渣厚度	永久结构	≤100	重锤测或沉积物测定仪测
		临时结构	≤200	
3	槽深		+100	重锤测
4	混凝土坍落度		180～200	坍落度测定仪
5	钢筋笼尺寸	长度	±50	钢尺量，每片钢筋网检查上、中、下三处
		宽度	±20	
		厚度	0～10	
		主筋间距	±10	取任一断面，连续量取间距，取平均值作为一点，每片钢筋网上测四点
		分布筋间距	±20	
		预埋件中心位置	±10	抽查
6	地下墙表面平整度	永久结构	＜100	用 2m 靠尺和楔形塞尺量
		临时结构	＜150	
		插入式结构	＜20	
7	永久结构时的预埋件位置	水平向	≤10	用钢尺量
		垂直向	≤20	水准仪

3.5.6 基坑回填

基坑回填应符合下列规定：

1. 主控项目

（1）基坑回填标高允许偏差应符合表 3-9 的规定：

土方回填标高允许偏差 表 3-9

检查项目		允许偏差（mm）	检查数量		检验方法
			范围	点数	
基坑		−50	每 10m	4	水准仪测量
场地平整	人工	±30	每 10m	4	水准仪测量
	机械	±50	每 10m	4	水准仪测量
管廊		−50	每 10m	4	水准仪测量

（2）回填土分层压实的质量验收应符合现行国家标准《建筑地基基础工程施工质量验收规范》GB 50202 的相关规定。

2. 一般项目

（1）回填材料应符合设计要求。回填土中不应含有淤泥、腐殖土、有机物，砖、石、木块等杂物。

检查数量：全数检查。

检验方法：观察，检查施工记录

（2）基坑回填土表面平整度允许偏差应符合表 3-10 的规定：

基坑回填土表面平整度允许偏差　　　　　　　　表 3-10

检查项目		允许偏差（mm）	检查数量		检验方法
			范围	点数	
基坑		20	每 10m	2	靠尺或水准仪测量
场地平整	人工	20	每 10m	2	靠尺或水准仪测量
	机械	30	每 10m	2	靠尺或水准仪测量
管沟		20	每 10m	2	靠尺或水准仪测量

第4章 浅埋暗挖法施工

4.1 总体要求

浅埋暗挖法沿用了新奥法的基本原理，创建了信息化量测、反馈设计和施工的新理念。用先柔后刚复合式衬砌支护结构体系，初期支护按承担全部基本荷载设计，二次模筑衬砌作安全储备；初期支护和二次衬砌共同承担特殊荷载。应用浅埋暗挖法进行设计和施工时，同时采用多种辅助工法，超前支护，改善加固围岩，调动部分围岩的自承能力。采用不同的开挖方法及时支护、封闭成环，使其与围岩共同作用形成联合支护体系。在施工过程中应用检测量测、信息反馈和优化设计，实现不塌方、少沉降、安全生产和施工。

浅埋暗挖法大多应用于第四纪软弱地层中的地下工程，由于围岩自身承载能力很差，为避免对地面建筑物和地上构筑物造成破坏，需要严格控制地面沉降量。因此，要求初期支护刚度要大，支护要及时。这种设计思想的施工要点可概括为管超前、严注浆、短进尺、强支护、早封闭、勤量测、速反馈。初期支护必须从上向下施工，二次模筑衬砌必须通过变位量测，结构基本稳定时才能施工，而且必须从下向上施工，决不允许先拱后墙施工。

浅埋暗挖法适用条件动态设计、动态施工的信息化施工方法，建立了一整套变位、应力监测系统；强调小导管注浆超前支护在稳定工作面中的作用；用劈裂注浆法加固地层；采用复合式衬砌技术。

浅埋暗挖法是城市地下工程施工的主要方法之一。它适用于不宜明挖施工的含水率较小的各种地层，尤其对城市地面建筑物密集、交通运输繁忙、地下管线密布，且对地面沉陷要求严格的情况下修建埋置较浅的地下结构工程更为适用，对于含水率较大的松散地层，采取堵水或降水等措施后该法仍能适用。但大范围的淤泥质软土、粉细砂地层、降水有困难或经济上不合算的地层，不宜采用浅埋暗挖法施工；采用浅埋暗挖法施工要求开挖面具有一定的自稳性和稳定性，工作面土体的自立时间，应足以进行必要的初期支护作业，否则也不宜采用浅埋暗挖法施工。而且，浅埋暗挖法对覆土厚度没有特殊要求，最浅可至 1m。

　　浅埋暗挖法的技术核心是依据新奥法的基本原理，施工中采用多种辅助措施加固围岩，充分调动围岩的自承能力，开挖后及时支护、封闭成环，使其与围岩共同作用形成联合支护体系，是一种抑制围岩过大变形的综合配套施工技术。

　　浅埋暗挖法的关键施工技术浅埋暗挖法的关键施工技术可以总结成"十八字方针"：

　　（1）管超前：采用超前预加固支护的各种手段，提高工作面的稳定性，缓解开挖引起的工作面前方和正上方土柱的压力，缓解围岩松弛和预防坍塌；

　　（2）严注浆：在超前预支护后，立即进行压注水泥沙浆或其他化学浆液。填充围岩空隙，使隧道周围形成一个具有一定强度的结构体，以增强围岩的自稳能力；

　　（3）短开挖：即限制 1 次进尺的长度，减少对围岩的松弛；

　　（4）强支护：在浅埋的松弛地层中施工，初期支护必须十分牢固，具有较大的刚度，以控制开挖初期的变形；

　　（5）快封闭：为及时控制围岩松弛，必须采用临时仰拱封闭，开挖 1 环，封闭 1 环，提高初期支护的承载能力；

　　（6）勤测量：进行经常性的测量，掌握施工动态，及时反馈，是浅埋暗挖法施工成败的关键。

4.2　设备与辅助装置

4.2.1　暗挖法主要施工机械

　1. 挖装运吊机械

　　挖装运吊机械主要有悬臂挖掘机、反铲挖掘机、单臂掘进机、钻岩机、电动轮式装载机、爪式扒渣机、耙斗式装渣机、铲斗式装渣机、侧卸式矿车、电瓶车、提升绞车、斗车、两臂钻孔台车、自卸汽车、挖装机、梭式矿车、侧卸式矿车等。

　2. 混凝土机械

　　混凝土机械主要有潮式喷射机、机械手、混凝土搅拌机、电动空压机等。

　3. 二次模筑衬砌机械

　　二次模筑衬砌机械主要有混凝土搅拌机、轨行式混凝土输送车、混凝土输送泵、模板台车等。

4. 其他辅助机械

其他辅助机械有风钻、通风机、注浆钻机、注浆泵、推土机、抽水机、皮带输送机等。

4.2.2 施工机械配套模式

（1）通常采用的模式如图4-1所示。

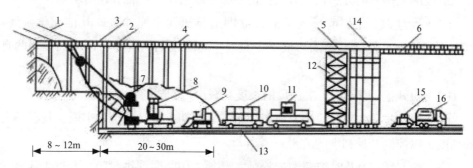

图4-1 正台阶法施工机械配套模式

1—超前小导管（ϕ40mm、长3.5m）；2—网构拱架；3—喷混凝土、钢筋网；4—初期支护；5—无钉铺设防水板；6—模筑衬砌；7—混凝土机械手；8—潮喷机（5m³/h）；9—电动装载机；10—斗车（4～6m³）；11—电瓶车（12t）；12—铺设防水板台车；13—钢轨（24～30kg/m）；14—模筑衬砌台车；15—混凝土输送泵；16—轨行式混凝土输送车

（2）正台阶施工时，扒装机将上台阶工作面的渣土转倒在隧道下部，由下半断面扒装机将渣土送入过桥皮带，再送入斗车。该过桥皮带的作用是为做铺底和仰拱混凝土施工创造工作空间，防止出渣运输车的干扰。如图4-2所示。

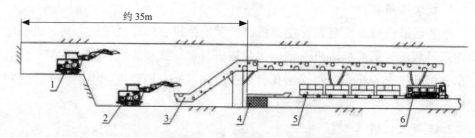

约35m

图4-2 正台阶法向下半断面出渣配套模式图

1—上半断面扒装机；2—下半断面扒装机；3—过桥皮带；4—仰拱铺底；5—斗车；6—牵引机车

（3）一般采用人工和机械混合开挖法，即上半断面采用人工开挖、机械出渣，下半断面采用机械开挖、机械出渣。有时为了解决上半断面出渣对下半断面的影

响，可采用皮带运输机将上半断面的渣土送到下半断面的运输车中。图 4-3 为正台阶法上下台阶同时将渣土通过皮带桥和过桥皮带送到斗车上的示意图。该方法也不影响铺底仰拱混凝土施工，开挖采用单臂掘进机。

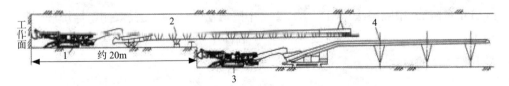

图 4-3   正台阶法上下断面同时出渣配套模式图
1—单臂掘进机；2—上台阶皮带输送机桥；3—单臂掘进机；4—过桥皮带

以上说明正台阶施工可以根据情况配属不同的机械设备，以满足地质和工期的要求，可借鉴实例创造自己的配套模式。

4.3   开挖

浅埋暗挖法开挖要符合下列要求：

（1）暗挖管廊的开挖应保持在无水条件下进行：在特殊条件下，应有可靠的治水措施和手段，以保证开挖的安全。

（2）施工方法应根据地质情况、覆盖层厚度、结构断面及地面环境条件等，经过技术、经济比较后确定。

（3）开挖断面应以衬砌设计轮廓线为基准，考虑预留变形量、测量贯通误差和施工误差等因素作适当加大。

（4）开挖预留变形量应根据围岩级别、管廊宽度、管廊埋深、施工方法和支护情况采用工程类比法确定。

（5）开挖过程中，应对管廊围岩和初期支护进行观察和监控量测，拟定监控量测方案，监测围岩变形、地表沉降和地下管线变化情况，反馈量测信息指导设计和施工。

（6）开挖过程中，应加强开挖面的地质素描和地质预报工作。

（7）开挖后应及时进行初期支护。采用分部开挖时，应在初期支护喷射混凝土强度达到设计强度的 70% 及以上时，方可进行下一步的开挖。

4.4 衬砌

采用浅埋暗挖法施工时，依据工程地质、水文情况、工程规模、覆土埋深及工期等因素，常用施工方法有全断面法、正台阶法、正台阶环形开挖法、单侧壁导坑正台阶法、中隔墙法（CD）法、交叉中隔墙法（CRD）法、双侧壁导坑法（眼镜工法）等，实际施工中还有环形开挖、洞柱（梁）法、中洞法等。表4-1为各种开挖方法的对比。

暗挖施工方法比较 表4-1

序号	施工方法	示意图	适用条件	沉降	工期	防水	造价
1	全断面法		地层好，跨度≤8m	一般	最短	好	低
2	正台阶法		地层较差，跨度≤12m	一般	短	好	低
3	正台阶环形开挖法		地层差，跨度≤12m	一般	短	好	低
4	单侧壁导坑正台阶法		地层差，跨度≤14m	较大	较短	好	低
5	中隔墙法（CD）法		地层差，跨度≤18m	较大	较短	好	偏高
6	交叉中隔墙法（CRD）		地层差，跨度≤20m	较小	长	好	高
7	双侧壁导坑法（眼镜工法）		小跨度，连续使用可扩成大跨度	大	长	差	高

4.4.1　全断面法

适用范围：主要适用于 I ~ II 级围岩。当断面在 50m² 以下，隧道处于 IV 级围岩地层时，在采取局部注浆等辅助措施加固地层后，也可采用全断面法施工，但在第四纪地层中采用此方法时，断面一般在 20m² 以下。

优缺点：有较大的作业空间，有利于采用大型配套机械化作业，提高施工速度，且工序少，便于施工组织和管理。但由于开挖面较大，围岩稳定性降低，且每个循环工作量较大，每次深孔爆破引起的震动较大，应进行精心的钻爆设计。

4.4.2　正台阶法

正台阶法开挖优点很多，能较早地使支护闭合，有利于控制其结构变形及由此引起的地表沉降。上台阶长度（L）一般控制在 1 ~ 1.5 倍洞径（D）以内，但必须在地层失去自稳能力之前尽快开挖下台阶，支护形成封闭结构。若地层较差，为了稳定工作面，也可以辅以小导管超前支护等措施。

4.4.3　正台阶环形开挖法

上台阶取一倍洞径左右环形开挖，留核心土，用系统小导管超前支护。预注浆稳定工作面，用网构钢拱架做初期支护；拱脚、墙角设置锁脚锚杆。

4.4.4　单侧壁导坑正台阶法

单侧壁导坑正台阶法适用于地层较差、断面较大、采用台阶法开挖有困难的地层。采用该法可变大跨断面为小跨断面，将 10m 左右的大跨度变为 3 ~ 4m 和 6 ~ 10m 的跨度。

采用该法开挖时，单侧壁导坑超前的距离一般为 2 倍洞径以上，为了稳定工作面，经常和超前小导管注浆等辅助施工措施配合使用，一般采用人工开挖，人工和机械混合出渣。

4.4.5　中隔墙法

适用于 IV ~ V 级围岩的浅埋双线隧道。中隔墙开挖时，应沿一侧自上而下分为二或三步进行，每开挖一步均应及时施作锚喷支护，安设钢架，施作中隔壁，中隔壁墙依次分步联结而成，之后再开挖中隔墙的另一侧，其分步次数及支护形式与先开挖的一侧相同。

4.4.6　交叉中隔墙法（CRD法）

可适用于Ⅳ～Ⅵ级围岩浅埋的双线多线隧道。采用自上而下分2～3步开挖中隔墙的一侧，并及时支护，待完成后，即可开始另一侧的开挖及支护，形成左、右两侧开挖及支护相互交叉的情形。

交叉中隔墙法适用于地质条件较差，跨度大、沉降控制要求高的隧道，CRD工法施工工序复杂，隔墙拆除困难，成本较高，进度较慢，一般在第四纪地层中修建大断面地下结构物（如停车场），且地面沉降要求严格时才使用。

4.4.7　双侧壁导坑法

该法的实质是将大跨度（>20m）分成3个小断面进行作业。主要适用于地层较差、断面较大、单侧壁导坑法无法满足要求的三线或多线大断面隧道工程。

该工法在控制地中和地表下沉方面，优于其他施工方法。且由于两侧导坑先行，能提前排放隧道拱部和中部土体中的部分地下水，为后续施工创造条件。

4.5　质量验收

本节适用于采用台阶法、单（双）侧壁导坑法、中洞法、中隔壁法（CD法）、交叉中隔壁法（CRD法）等浅埋暗挖法修建的综合管廊工程的施工质量验收。

4.5.1　土方开挖

1. 主控项目

（1）开挖断面的中线、高程必须符合设计要求。

检验数量：施工单位每一开挖循环检查一次，监理单位按施工单位检查数的20%抽查。

检验方法：激光断面仪、全站仪、水准仪测量。

（2）严禁欠挖。

检验数量：施工单位、监理单位每开挖一次循环检查一次。

检验方法：施工单位采用激光断面仪、全站仪、水准仪量测周边轮廓断面，绘断面图与设计断面核对；监理单位现场核对开挖断面，必要时采用仪器测量。

（3）边墙基础及管底地质情况应满足设计要求，基底内无积水浮渣。

检验数量：施工单位、监理单位每一开挖循环检查一次。

检验方法：观察检查和地质取样。

（4）当管底需要进行加固处理时，应符合设计要求。

检验数量：施工单位、监理单位每处检查一次。

检验方法：施工单位、监理单位按现行国家标准《建筑地基基础工程施工质量验收规范》GB 50202 的有关规定进行检查验收。

（5）管廊贯通误差：平面位置 ±30mm，高程 ±20mm。

检验数量：施工单位、监理单位每一贯通面检查一次。

检验方法：仪器测量。

2. 一般项目

（1）开挖断面超挖值应符合表 4-2 的规定。

开挖断面超挖值　　　　　　　　　　　　　　　　　　　　　表 4-2

围岩类型	部位	平均（mm）	最大（mm）	检验数量	检验方法
土质	拱部	60	100	施工单位、监理单位每一开挖循环检查一次	量测开挖断面，绘断面图与设计图核对
	边墙及仰拱	60	100		
软岩	拱部	100	150		
	边墙及仰拱	80	120		

（2）小规模塌方处理时，必须采用耐腐蚀性材料回填，并做好回填注浆。

检验数量：施工单位、监理单位全数检查。

检验方法：观察检查。

4.5.2　初期支护

初期支护必须在管廊开挖后及时进行施作。喷射混凝土严禁选用具有潜在碱活性骨料。喷射混凝土的喷射方式应根据工程地质及水文地质、喷射量等条件确定，宜采用湿喷方式。喷射混凝土前，应检查开挖断面尺寸，清除开挖面、拱脚或墙脚处的土块等杂物，设置控制喷层厚度的标志。对基面有滴水、淌水、集中出水点的情况，采用埋管等方法进行引导疏干。

喷射混凝土作业应紧跟开挖工作面，并符合下列规定：

（1）喷射混凝土应分片由下而上依次进行，并先喷钢架与壁面间混凝土，然后再喷两榀钢架之间的混凝土；

（2）每次喷射厚度为：边墙 70～100mm，拱部 50～60mm；

（3）分层喷射混凝土时，应在前一层混凝土终凝后进行，如两次喷射间隔时间过长，再次喷射前，应先清洗喷层表面；

（4）喷射混凝土回弹量，边墙不宜大于 15%，拱部不宜大于 25%。

锚杆类型应根据地质条件、使用要求及锚固特点进行选择并符合设计要求，砂浆锚杆必须设置垫板，垫板应与基面密贴。钢架应在隧道开挖后或初喷混凝土后及时进行架设，安装前应清除钢架脚底虚渣及杂物。喷射混凝土完成，应及时布设量测点，并获取数据，分析初期支护的变化情况，以便指导施工。

4.5.3 管棚

1. 主控项目

（1）管棚所用的钢管原材料进场检验应符合本指南内容规定；管棚所用的钢管的品种、级别、规格和数量必须符合设计要求。

检验数量：施工单位、监理单位全数检查。

检验方法：观察、尺量检查。

（2）管棚的搭接长度应符合设计要求。

检验数量：施工单位全数检查；监理单位每排抽查不得少于 3 根，所抽查的钢管不得连续排列。

检验方法：观察、尺量检查。

2. 一般项目

（1）钻孔的外插角、孔位、孔深、孔径施工允许偏差和检验方法应符合表 4-3 的规定。

				管棚施工允许偏差和检验方法		表 4-3
项目	外插角	孔位	孔深	孔径	检验数量	检验方法
管棚	1°	±50mm	±30mm	比钢管直径大 30～40mm	施工单位全数检查	仪器测量、尺量

注：监理单位按施工单位检查数的 30% 作见证检验或 10% 作平行检验。

（2）注浆应采用无污染材料，浆液强度和配合比应符合设计要求，且浆液应充满钢管及周围的空隙。

检验数量：施工单位全数检验，监理单位按施工单位检查数的 30% 作见证检验或 10% 作平行检验。

检验方法：观察检查和检查注浆记录。

4.5.4　超前小导管

1. 主控项目

（1）超前小导管所用的钢管的品种、级别、规格和数量必须符合设计要求。

检验数量：施工单位、监理单位全数检查。

检验方法：观察、钢尺检查。

（2）超前小导管的纵向搭接长度应符合设计要求。

检验数量：施工单位、监理单位全数检查。

检验方法：观察检查和尺量检查。

2. 一般项目

（1）超前小导管施工允许偏差和检验方法应符合表 4-4 的规定。

超前小导管施工允许偏差和检验方法　　　　　　表 4-4

项目	外插角	孔距	孔深	检验数量	检验方法
小导管	1°	±15mm	$^{+25}_{\ \ 0}$ mm	施工单位每环抽查 5 根	仪器测量、尺量

注：监理单位按施工单位检查数的 30% 作见证检验或 10% 作平行检验。

（2）超前小导管注浆应采用无污染材料，浆液强度和配合比应符合设计要求，且浆液应充满钢管及周围的空隙。

检验数量：施工单位全数检查，监理单位按施工单位检查数的 30% 作见证检验或 10% 作平行检验。

检验方法：观察检查和检查施工记录的注浆量和注浆压力。

4.5.5　地层注浆加固

1. 主控项目

（1）浆液的配合比应符合设计要求。

检验数量：施工单位、监理单位全数检查。

检验方法：施工单位进行配合比选定试验；监理单位检查试验报告、见证试验。

（2）注浆效果应符合设计要求，且不应对地下管线等造成破坏性影响。

检验数量：施工单位、监理单位全数检查。

检验方法：观察检查和开挖检查。

2. 一般项目

（1）注浆孔的数量、布置、间距、孔深应符合设计要求。

检验数量：施工单位全数检查，监理单位按施工单位检验数的 30% 作见证检验或按 10% 作平行检验。

检验方法：观察检查和尺量检查。

（2）注浆浆液达到一定强度后方可开挖。

检验数量：施工单位、监理单位全部检查。

检验方法：开挖检查、观察。

4.5.6 喷射混凝土

1. 主控项目

（1）喷射混凝土应优先采用硅酸盐水泥、普通硅酸盐水泥。水泥进场时，必须按批次对其品种、级别、包装或散装仓号、出厂日期等进行验收，并对其强度、凝结时间、安定性进行试验，其质量必须符合现行国家标准《通用硅酸盐水泥》GB 175 等的规定。当使用中对水泥质量有怀疑或水泥出厂日期超过 3 个月（快硬硅酸盐水泥逾期一个月）时，必须再次进行强度试验，并按试验结果使用。

检验数量：同一生产厂家、同一等级、同一品种、同一批号且连续进场的水泥，散装水泥每 500t 为一批，袋装水泥每 200t 为一批，当不足上述数量时，也按一批计。施工单位每批抽样不少于一次；监理单位平行检验或见证取样检测，抽检次数为施工单位抽检次数的 30%，但至少一次。

检验方法：施工单位检查产品出厂合格证、出厂检验报告并进行强度、凝结时间、安定性试验；监理单位检查全部产品合格证、出厂检验报告、进场检验报告，并对强度、凝结时间、安定性进行平行检验或见证取样检测。

（2）喷射混凝土所用的细骨料，应按批进行检验，其颗粒级配、坚固性指标应符合国家现行标准《普通混凝土用砂、石质量及检验方法标准》JGJ 52 规定，细度模数应大于 2.5，含水率控制在 5% ~ 7%。

检验数量：同一产地、同一品种、同一规格且连续进场的细骨料，每 400m³ 或 600t 为一批，不足 400m³ 或 600t 也按一批计。施工单位每批抽检一次；监理单位见证取样检测，抽检次数为施工单位抽检次数的 30%，但至少一次。

检验方法：施工单位现场取样试验；监理单位检查全部试验报告，或见证取样检测。

（3）喷射混凝土所用的粗骨料宜用卵石或碎石，粒径应不大于 15mm，含泥量应不大于 1%。按批进行检验。

检验数量：同一产地、同一品种、同一规格且连续进场的粗骨料，每 400m³ 或 600t 为一批，不足 400m³ 或 600t 也按一批计。施工单位每批抽检一次；监理单位见证取样检测，抽检次数为施工单位抽检次数的 30%，但至少一次。

检验方法：施工单位现场取样试验；监理单位检查全部试验报告，或见证取样检测。

（4）喷射混凝土中掺用外加剂进场时，其质量必须符合现行国家标准《混凝土外加剂》GB 8076、《混凝土外加剂应用技术规范》GB 50119 和其他有关环境保护的规定。使用前应做与水泥相容性试验及水泥净浆凝结效果试验，初凝时间不应超过 5min，终凝时间不应超过 10min。当使用碱性速凝剂时，不得使用活性二氧化硅石料。

检验数量：同一产地、同一品种、同一批号、同一出厂日期且连续进场的外加剂，每 50t 为一批，不足 50t 也按一批计。施工单位每批抽检一次；监理单位见证取样检测，抽检次数为施工单位抽检次数的 30%，但至少一次。

检验方法：施工单位检查产品合格证、出厂检验报告并进行试验；监理单位检查全部产品合格证、出厂检验报告、进场检验报告并进行见证取样检测。

（5）喷射混凝拌和用水宜采用饮用水，当采用其他水源时，水质应符合现行国家标准《混凝土用水标准》JGJ 63 的规定。

检验数量：同水源的，施工单位试验检查不应少于一次，监理单位见证试验。

检验方法：施工单位做水质分析试验，监理单位检查试验报告，见证试验。

（6）喷射混凝土的配合比设计应根据原材料性能、混凝土的技术条件和设计要求进行，并应符合下列规定：

1）灰骨比宜为 1 : 4 ~ 1 : 5；

2）水灰比宜为 0.40 ~ 0.50；

3）含砂率宜为 45% ~ 60%；

4) 水泥用量不宜小于 400kg/m³。

检验数量：施工单位对同强度等级、同性能喷射混凝土进行一次混凝土配合比设计；监理单位全数检查。

检验方法：施工单位进行配合比选定试验；监理单位检查配合比选定单。

（7）喷射混凝土的强度必须符合设计要求。用于检查喷射混凝土强度的试件，可采用喷大板切割制取。当对强度有怀疑时，可在混凝土喷射地点采用钻芯取样法随机抽取制作试件做抗压试验。

检验数量：施工单位每 20m 至少在拱部和边墙各留置二组抗压强度试件；监理单位按施工单位检验数的 30% 作见证检验或按 10% 作平行检验。

检验方法：施工单位进行混凝土强度试验；监理单位检查混凝土强度试验报告并进行见证取样检测或平行检验。

（8）每个断面检查点数的 80% 以上喷射厚度不小于设计厚度，最小值不小于设计厚度的 95%，厚度平均值不小于设计厚度。

检验数量：每 10m 检查一个断面，从拱顶中线起，每 2m 凿孔检查一个点，监理单位按施工单位检验数的 30% 作见证检验或按 10% 比例抽查。

检验方法：施工单位、监理单位检查控制喷层的标志或凿孔检查。

（9）喷射混凝土 2h 后应养护，养护时间应不小于 14d，当气温低于 +5℃，混凝土低于设计强度的 40% 时不得受冻。

检验数量：施工单位、监理单位全数检查。

检验方法：观察检查。

2. 一般项目

（1）喷射混凝土方式应符合设计要求，施工时应分段、分片，由下而上依次进行。混合料应随拌随喷，喷层厚度符合设计要求。

检验数量：施工单位每一个作业循环检查一个断面，监理单位按施工单位检查数的 30% 作见证检验或 10% 作平行检验。

检验方法：观察检查。

（2）采用湿喷方式的喷射混凝土拌和物的坍落度应符合设计要求。

检验数量：施工单位每工作班不少于一次，监理单位作见证检验。

检验方法：坍落度试验。

（3）喷射混凝土拌制前，应测定砂、石含水率，并根据测试结果和理论配合比调整材料用量，提出施工配合比。

检验数量：施工单位每工作班不少于一次，监理单位作见证检验。

检验方法：砂、石含水率测试。

（4）水泥：±2%；粗、细骨料：±3%；水、外加剂：±2%。各种衡器应定期检定，每次使用前应进行零点校核，保证计量准确。当遇到雨天或含水率有显著变化时，应增加含水率检测次数，并及时调整水和骨料的用量。

检验数量：施工单位每工作班不少于一次，监理单位作见证检验。

检验方法：复称检查。

（5）喷射混凝土表面应平整（控制在 15mm 以内，且低凹处矢弦比不应大于 1/6），无裂缝及掉渣现象，锚杆头及钢筋无外露。

检验数量：施工单位全数检查，监理单位按施工单位检查数的 30% 作见证检验或按 10% 作平行检验。

检验方法：观察检查。

4.5.7　钢筋网

1. 主控项目

（1）钢筋网所使用的钢筋的品种、规格、性能等应符合设计要求和国家、行业有关技术标准的规定。

检验数量：施工单位、监理单位全数检查。

检验方法：观察检查和尺量检查。

（2）钢筋网的制作应符合设计要求。

检验数量：施工单位全数检查；监理单位按 20% 的比例随机抽样检查。

检验方法：观察检查和尺量检查。

2. 一般项目

（1）钢筋网的网格间距应符合设计要求，网格尺寸允许偏差为 ±10mm。

检验数量：施工单位每进场一次，随机抽样 5 片；监理单位按施工单位检查数的 30% 作见证检验或 10% 作平行检验。

检验方法：尺量检查。

（2）钢筋网应与管廊断面形状相适应，并与钢架等联结牢固。

检验数量：施工单位每循环检验一次，监理单位按施工单位检查数的 30% 作见证检验或 10% 平行检验。

检验方法：观察检查。

（3）钢筋网宜在喷射一层混凝土后铺挂。采用双层钢筋网时，第二层钢筋网应在第一层钢筋网被混凝土覆盖及混凝土终凝后进行铺设。

检验数量：施工单位每循环检验一次，监理单位按施工单位检查数的30%作见证检验或10%作平行检验。

检验方法：观察检查或检查施工记录。

（4）钢筋网搭接长度应为2个网孔，允许偏差为±25mm。

检验数量：施工单位每循环检验一次，随机抽样5片；监理单位按施工单位检查数的30%作见证检验或10%作平行检验。

检验方法：尺量检查。

（5）钢筋应冷拉调直后使用，钢筋表面不得有裂纹、油污、颗粒状或片状锈蚀。

检验数量：施工单位每批检验一次，监理单位按施工单位检查数的30%作见证检验或10%作平行检验。

检验方法：观察检查。

4.5.8 净空测量

1. 主控项目

（1）初期支护净空和管廊净空必须满足设计和规范要求。铺设防水层和施作二次衬砌之前，应进行初期支护净空测量，并应填写初期支护净空测量记录。

检验数量：施工单位全数检验，监理单位按施工单位检验数的30%作见证检验。

检验方法：全站仪或钢尺测量；检查测量记录。

（2）二次衬砌施作完成后，应进行净空测量，并应填写净空测量记录。

检验数量：施工单位全数检验，监理单位按施工单位检验数的30%作见证检验。

检验方法：全站仪或钢尺测量；检查测量记录。

（3）管廊建成后，二次衬砌不得侵入建筑限界。

检验数量：施工单位全数检验，监理单位按施工单位检验数的30%作见证检验。

检验方法：全站仪或钢尺测量；检查测量记录。

2. 一般项目

（1）初期支护净空（拱部、边墙线路中心左、右侧宽度，仰拱线路中心左、右侧测点自轨面线下的竖向尺寸，拱顶标高）的允许偏差应为 ±5mm。

检验数量：施工单位全数检验，监理单位按施工单位检验数的 30% 作见证检验或按 10% 作平行检验。

检验方法：拱部、边墙用全站仪或钢尺从中线向两侧测量横向尺寸，自轨顶向上每 50cm 一点（包含拱顶最高点）；仰拱从中线向两侧每 50cm 一点，测量自轨面线下的竖向尺寸。

（2）管廊净空（拱顶标高、某一水平面的管廊宽度）的允许偏差应为 ±3mm。

检验数量：施工单位全数检验，监理单位按施工单位检验数的 30% 作见证检验或按 10% 作平行检验。

检验方法：用全站仪、水准仪和钢尺测量。

第5章 盾构法施工

5.1 总体要求

（1）盾构工作竖井的结构形式根据地质环境条件，可选用地下连续墙、支护桩及沉井等，并应按相应的有关规定施工。

（2）盾构工作竖井结构必须满足井壁支护及盾构推进的后座强度和刚度要求。其宽度、长度和深度应满足盾构装拆、掉头、垂直运输、测量和基座安装等要求。盾构工作竖井内应设集水坑和抽水设备，井口周围应设防淹墙和安全护栏。

（3）盾构工作竖井提升运输系统应符合下列规定：

1）提升架和设备必须经过计算，使用中经常检查、维修和保养；

2）提升设备不得超负荷作业，运输速度符合设备技术要求；

3）工作竖井上下应设置联络信号。

（4）盾构在工作竖井内组装和进出工作竖井前，应安装基座和导轨，并对综合管廊洞口土体进行加固和完成封门施工。

（5）盾构基座应有足够强度、刚度和精度，并满足盾构装拆和检修需要。基座导轨高程、轨距及中线位置应正确，并固定牢固。盾构出工作竖井时，其后座管片的后端面应与线路中线垂直并紧贴井壁，开口段支撑牢固。盾构距洞口适当距离拆除封门后，切口应及时切入土层。

（6）盾构掘进临近工作竖井一定距离时，应控制其出土量并加强线路中线及高程测量。距封门500mm左右时停止前进，拆除封门后应连续掘进并拼装管片。

（7）盾构掘进中，必须保证正面土体稳定，并根据地质、线路平面、高程、坡度、胸板等条件，正确编组千斤顶。

（8）盾构掘进速度，应与地表控制的隆陷值、进出土量、正面土压平衡调整值及同步注浆等相协调。如停歇时间较长时，必须及时封闭正面土体。盾构掘进中遇有下列情况之一时，应停止掘进，分析原因并采取措施：

1）盾构前方发生坍塌或遇有障碍；

2）盾构自转角度过大；

3）盾构位置偏离过大；

4）盾构推力较预计的增大；

5）可能发生危及管片防水、运输及注浆遇有故障等。

（9）盾构掘进中应严格控制中线平面位置和高程，其允许偏差均为 ±50mm。发现偏离应逐步纠正，不得猛纠硬调。敞口式盾构切口环前檐刃口切入土层后，应在正面土体支撑系统支护下，自上而下分层进行土方开挖。必要时应采取降水、气压或注浆加固等措施。

（10）网格式盾构应随盾构推进同时进行土方开挖，在土体挤入网格转盘内后应及时运出。当采用水力盾构时，应采用水枪冲散土体后，用管道运至地面，经泥水处理后排出。土压平衡式盾构掘进时，工作面压力应通过试推进50～100m 后确定，在推进中应及时调整并保持稳定。掘进中开挖出的土砂应填满土仓，并保持盾构掘进速度和出土量的平衡。

（11）泥水平衡式盾构掘进时，应将刀盘切割下的土体输入泥水室，经搅拌器充分搅拌后，采用流体输送并进行水土分离，分离后的泥水应返回泥水室，并将土体排走。

（12）挤压式盾构胸板开口率应根据地质条件确定，进土孔应对称设置。盾构外壳应设置防偏转稳定装置，掘进时的推力应与出土量相适应。

（13）局部气压式盾构掘进前应将正面土体封堵严密，并根据覆土厚度、地质条件等设定压力值；掘进中，出土量和掘进速度应相适应，并使切口处的出土口浸在泥土中；停止掘进时，应将出土管路关闭。

5.2　设备与辅助装置

盾构机，全名叫盾构隧道掘进机，是一种隧道掘进的专用工程机械，现代盾构掘进机集光、机、电、液、传感、信息技术于一体，具有开挖切削土体、输送土碴、拼装隧道衬砌、测量导向纠偏等功能，涉及地质、土木、机械、力学、液压、电气、控制、测量等多门学科技术，而且要按照不同的地质进行"量体裁衣"式的设计制造，可靠性要求极高。盾构掘进机已广泛用于地铁、铁路、公路、市政、水电等隧道工程。

5.2.1 盾构机的工作原理

1. 盾构机的掘进

液压马达驱动刀盘旋转，同时开启盾构机推进油缸，将盾构机向前推进，随着推进油缸的向前推进，刀盘持续旋转，被切削下来的渣土充满泥土仓，此时开动螺旋输送机将切削下来的渣土排送到皮带输送机上，后由皮带输送机运输至渣土车的土箱中，再通过竖井运至地面。

2. 掘进中控制排土量与排土速度

当泥土仓和螺旋输送机中的渣土积累到一定数量时，开挖面被切下的渣土经刀槽进入泥土仓的阻力增大，当泥土仓的土压与开挖面的土压力和地下水的水压力相平衡时，开挖面就能保持稳定，开挖面对应的地面部分也不致坍塌或隆起，这时只要保持从螺旋输送机和泥土仓中输送出去的渣土量与切削下来的流入泥土仓中的渣土量相平衡时，开挖工作就能顺利进行。

3. 管片拼装

盾构机掘进一环的距离后，拼装机操作手操作拼装机拼装单层衬砌管片，使隧道一次成型。

5.2.2 盾构机的组成及各组成部分在施工中的作用

盾构机的最大直径为 6.28m，总长 65m，其中盾体长 8.5m，后配套设备长 56.5m，总重量约 406t，总配置功率 1577kW，最大掘进扭矩 5300kN·m，最大推进力为 36400kN，最快掘进速度可达 8cm/min。盾构机主要由 8 大部分组成，即盾体、刀盘驱动、双室气闸、管片拼装机、排土机构、后配套装置、电气系统和辅助设备。

1. 盾体

盾体主要包括前盾、中盾和尾盾三部分，这三部分都是管状简体，其外径是 6.25m。前盾和与之焊在一起的承压隔板用来支撑刀盘驱动，同时使泥土仓与后面的工作空间相隔离，推力油缸的压力可通过承压隔板作用到开挖面上，以起到支撑和稳定开挖面的作用。承压隔板上在不同高度处安装有 5 个土压传感器，可以用来探测泥土仓中不同高度的土压力。前盾的后边是中盾，中盾和前盾通过法兰以螺栓连接，中盾内侧的周边位置装有 30 个推进油缸，推进油缸杆上安有塑料撑靴，撑靴顶推在后面已安装好的管片上，通过控制油缸杆向后伸出可以提供给盾构机向前的掘进力，这30个千斤顶按上下左右被分成 A、B、C、D 四组，掘进过程中，在操作室中可单独控制每一组油缸的压力，这样盾构机就可以实现左转、右转、抬头、低头或直行，从而可以使掘进中盾构机的轴线尽量拟合隧道设计轴线。中盾的后边是尾盾，尾盾通过 14 个被动跟随的铰接油缸和中盾相连。这种铰接连接可以使盾构机易于转向。

2. 刀盘

刀盘是一个带有多个进料槽的切削盘体，位于盾构机的最前部，用于切削土体，刀盘的开口率约为 28%，刀盘直径 6.28m，也是盾构机上直径最大的部分，一个带四根支撑条幅的法兰板用来连接刀盘和刀盘驱动部分，刀盘上可根据被切削土质的软硬而选择安装硬岩刀具或软土刀具，刀盘的外侧还装有一把超挖刀，盾构机在转向掘进时，可操作超挖刀油缸使超挖刀沿刀盘的径向方向向外伸出，从而扩大开挖直径，这样易于实现盾构机的转向。超挖刀油缸杆的行程为 50mm。刀盘上安装的所有类型的刀具都由螺栓连接，都可以从刀盘后面的泥土仓中进行更换。法兰板的后部安装有一个回转接头，其作用是向刀盘的面板上输入泡沫或膨润土及向超挖刀液压油缸输送液压油。

3. 刀盘驱动

刀盘驱动由螺栓牢固地连接在前盾承压隔板上的法兰上，它可以使刀盘在顺时针和逆时针两个方向上实现 0～6.1rpm 的无级变速。刀盘驱动主要由 8 组传动副和主齿轮箱组成，每组传动副由一个斜轴式变量轴向柱塞马达和水冷式变速齿轮箱组成，其中一组传动副的变速齿轮箱中带有制动装置，用于制动刀盘。安装在前盾右侧承压隔板上的一台定量螺旋式液压泵驱动主齿轮箱中的齿轮油，用来润滑主齿轮箱，该油路中一个水冷式的齿轮油冷却器用来冷却齿轮油。

4. 双室气闸

双室气闸装在前盾上，包括前室和主室两部分，当掘进过程中刀具磨损工作人员进入泥土仓检察及更换刀具时，要使用双室气闸。在进入泥土仓时，为了避免开挖面的坍塌，要在泥土仓中建立并保持与该地层深度土压力与水压力相适应的气压，这样工作人员要进出泥土仓时，就存在一个适应泥土仓中压力的问题，通过调整气闸前室和主室的压力，就可以使工作人员适应常压和开挖仓压力之间的变化。但要注意，只有通过高压空气检查和受到相应培训有资质的人员，才可以通过气闸进出有压力的泥土仓。以工作人员从常压的操作环境下进入有压力的泥土仓为例，工作人员甲先从前室进入主室，关闭前室和主室之间的隔离门，按照规定程序给主室加压，直到主室的压力和泥土仓的压力相同时，打开主室和泥土仓之间的闸阀，使两者之间压力平衡，这时打开主室和泥土仓之间的隔离门，工作人员进入泥土仓。如果这时工作人员乙也需要进入泥土仓工作，乙就可以先进入前室，然后关闭前室和常压操作环境之间的隔离门，给前室加压至和主室及泥土仓中的压力相同，扣开前室和主室之间的闸阀，使两者之间的压力平衡，打开主室和前室之间的隔离门，工作人员乙进入主室和泥土仓中。

根据盾构机不同的分类，盾构开挖方法可分为：敞开式、机械切削式、网格式和挤压式等。为了减少盾构施工对地层的扰动，可先借助千斤顶驱动盾构使其切口贯入土层，然后在切口内进行土体开挖与运输。

（1）敞开式

手掘式及半机械式盾构均为半敞开式开挖，这种方法适于地质条件较好，开挖面在掘进中能维持稳定或在有辅助措施时能维持稳定的情况，其开挖一般是从顶部开始逐层向下挖掘。若土层较差，还可借用千斤顶加撑板对开挖面进行临时支撑。采用敞开式开挖，处理孤立障碍物、纠偏、超挖均较其他方式容易。为尽量减少对地层的扰动，要适当控制超挖量与暴露时间。

（2）机械切削式

机械切削式指与盾构直径相仿的全断面旋转切削刀盘开挖方式。根据地质条件的好坏，大刀盘可分为刀架间无封板及有封板两种。刀架间无封板适用于土质较好的条件。大刀盘开挖方式，在弯道施工或纠偏时不如敞开式开挖便于超挖。此外，清除障碍物也不如敞开式开挖。使用大刀盘的盾构，机械构造复杂，消耗动力较大。目前国内外较先进的泥水加压盾构、土压平衡盾构，均采用这种开挖方式。

（3）网格式

采用网格式开挖，开挖面由网格梁与格板分成许多格子。开挖面的支撑作用是由土的黏聚力和网格厚度范围内的阻力而产生的。当盾构推进时，土体就从格子里挤出来。根据土的性质，调节网格的开孔面积。采用网格式开挖时，在所有千斤顶缩回后，会产生较大的盾构后退现象，导致地表沉降，因此，在施工时务必采取有效措施，防止盾构后退。

（4）挤压式

全挤压式和局部挤压式开挖，由于不出土或只部分出土，对地层有较大的扰动，在施工轴线时，应尽量避开地面建筑物。局部挤压施工时，要精心控制出土量，以减少和控制地表变形。全挤压式施工时，盾构把四周一定范围内的土体挤密实。

5.3　管片制作

混凝土管片应由具备相应资质等级的厂家进行制造，制造厂家应具有健全的质量管理体系及质量控制和质量检验体系，并且混凝土管片生产线布置应符合工艺要求。钢筋混凝土管片要采用高精度钢模制作，模具必须具有足够的承载能力、刚度、稳定性和良好的密封性能，并满足管片的尺寸和形状要求；在生产前应对管片模具进行验收，符合要求后进行试生产，在试生产的管片中，随机抽取三环进行试拼装检验，结果必须合格，合格后方可正式验收；模具每周转 100 次，必须进行系统检验。

钢筋的品种、级别和规格及钢筋骨架的连接等应符合设计要求；钢筋加工应采用焊接骨架，钢筋骨架应在符合要求的胎具上制作且必须通过试生产，经检验合格后方可批量下料焊接制作。

检验混凝土强度用的试件尺寸及强度的尺寸换算系数应按现行国家标准《混凝土结构工程施工质量验收规范》GB 50204 执行，试件的成型方法、养护条件及强度试验方法应符合现行国家标准《普通混凝土力学性能试验方法标准》GB/T 50081 的规定；强度评定应符合现行国家标准《混凝土强度检验评定标准》GB/T 50107 的规定。混凝土的冬期施工应符合国家现行标准《建筑工程冬期施工规程》JGJ/T 104 的规定，并且混凝土的抗渗等级应符合设计要求和相关规范的要求。

5.4　掘进

5.4.1　准备工作

为了保证盾构法施工的顺利进行，掘进前需要进行下列准备工作：

（1）完成工程地质、水文地质、地表地貌及建（构）筑物、地下管线及地下构筑物、环境保护要求等的调查；

（2）完成施工组织设计、特殊地段的施工方案等的编制并进行相应的交底和培训，做好施工前的技术准备工作；

（3）完成工作井施工；始发井的长度应大于盾构长度 3m 以上，宽度应大于盾构直径 3m 以上；接收井的平面内净尺寸应满足盾构接收、解体或整体位移的需要，始发、接收工作井的井底板宜低于进、出洞洞门底标高 700mm；盾构始发和接收时，工作井洞门外的一定范围内的地层必须加固完成，并对洞圈间隙采取密封措施，确保盾构始发和接收安全；

（4）完成盾构机的各项验收，根据盾构机类型和管廊施工各项工艺及现场实际情况，合理选型配置盾构配套设备（运输设备、砂浆站等）及其他辅助设施（反力架等）；

（5）建立施工测量和监控量测系统。

5.4.2　盾构的组装、调试

组装前应完成下列准备工作：

（1）根据盾构部件情况、场地条件，制定详细的盾构组装方案；

（2）根据部件尺寸和重量选择组装设备。

大件吊装作业必须由具有资质的专业队伍负责。盾构组装应按相关作业安全操作规程和组装方案进行。现场应配备消防设备，明火、电焊作业时，必须有专人负责。

组装后，必须进行各系统的空载调试，然后进行整机空载调试。盾构是集机、电、液、控为一体的复杂大型设备，包含了多个不同功能系统，若在掘进中发生问题，处理十分困难且易导致地层坍塌。因此，在现场组装后，必须首先对各个系统进行空载调试，使其满足设计功能要求。然后必须进行整机联动调试，使盾构整机处于正常状态，以确保盾构始发掘进的顺利进行。

5.4.3　盾构始发

始发掘进前，应对洞门经改良后的土体进行质量检查，合格后方可始发掘进；应制定洞门围护结构破除方案，采取适当的密封措施，保证始发安全。

土体加固质量检查主要内容包括土体加固范围、加固体的止水效果和强度，土体强度提高值和止水效果应达到设计要求，防止地层发生坍塌或涌水。

始发掘进时应对盾构姿态进行复核，负环管片定位时，管片环面应与隧道轴线垂直。对盾构姿态作检查，采取措施使其稳定和负环管片定位正确的规定，都是为了确保盾构始发进入地层沿设计的轴线水平掘进。当盾构进入软土时，应考虑到盾构可能下沉，水平标高可按预计下沉量抬高。

始发掘进过程中应保护盾构的各种管线，及时跟进后配套台车，并对管片拼装、壁后注浆、出土及材料运输等作业工序进行妥善管理。

由于受工作井井下场地尺寸的限制，始发施工时盾构后配套通常还在地面，需要接长管线来使盾构掘进，尚不能形成正常的施工掘进、管片拼装、壁后注浆、出土运输等。因此，应随盾构掘进适时延长并保护好管线，适时跟进后配套台车，并尽快形成正常掘进全工序施工作业流程。

始发掘进过程中应严格控制盾构的姿态和推力，并加强监测，根据监测结果调整掘进参数。盾构始发进入起始段施工，一般为 50～100m,起始段是掌握、摸索、了解、验证盾构适应性能及施工规律的过程。在此段施工中应根据控制地表变形和环保要求，沿隧道轴线和与轴线垂直的横断面，布设地表变形量测点，施工时跟踪量测地表的沉降、隆起变形；并分析调整盾构掘进推力、掘进速度、盾构正面土压力及壁后注浆量和压力等掘进参数，从而为盾构后续掘进阶段取得优化的施工参数和施工操作经验。

5.4.4　土压平衡盾构掘进

应根据工程地质和水文地质条件、埋深、线路平面与坡度、地表环境、施工监测结果、盾构姿态以及盾构初始掘进阶段的经验设定盾构滚转角、俯仰角、偏角、刀盘转述、推力、扭矩、螺旋输送机转速、土仓压力、排土量等掘进参数。可从盾构掘进两环以上的状态测量资料分析出盾构掘进趋势，并通过地表变形量测数据判定预设的土仓压力的准确程度，从而调整施工参数，制定出当班的盾构掘进指令。盾构掘进指令一般包括以下内容：每环掘进时的盾构姿态纠偏值、注浆压力与每环的注浆量、管片类型、最大掘进速度和推进油缸行程差、最大扭矩、螺旋输送机的最大转速等。

掘进中应监测和记录盾构运转情况、掘进参数变化、排出渣土状况，并及时分析反馈，调整掘进参数，控制盾构姿态。必须使开挖土充满土仓，并使排土量与开挖土量相平衡。适当保持土仓压力的目的是控制地表变形和确保开挖面的稳定。如果土仓压力不足，可能发生开挖面漏水或坍塌；如果压力过大，会引起刀盘扭矩或推力的增大而导致掘进速度下降或喷涌。土仓压力是利用开挖下来的渣土充满土仓来建立的，通过使开挖的渣土量与排出的渣土量相平衡的方法来保持。因此，应根据盾构推进中所产生的地表变形，刀盘扭矩、推力和推进速度等的变化及时调整土仓压力。应根据土仓压力的变化及时观测并适当控制螺旋输送机的转速。

必须严格按注浆工艺进行壁后注浆，并根据注浆效果调整注浆参数。应根据工程地质和水文地质条件，注入适当的添加剂，保持土质流塑状态。根据盾构穿过的地层条件，可有选择地向土仓内适当注入泥浆或水、泡沫剂、聚合物等，以改良仓内土质，使其保持一定程度的塑性流动状态。建立土仓内平衡土压力，保持开挖面的稳定，同时易于排土。

5.4.5　泥水平衡盾构掘进

应根据工程地质与水文地质条件、管廊埋深、线路平面与坡度、地表环境、施工监测结果、盾构姿态以及盾构始发掘进阶段的经验设定盾构滚转角、俯仰角、偏角、刀盘转速、推力、扭矩、送排泥水压力和流量、排土量等掘进参数。

应合理确定泥浆参数，对泥浆性能进行检测，并进行动态管理。泥浆管理主要包括泥浆制作、泥浆性能检测，送排泥浆压力、排渣量的计算与控制，泥浆分离等。

泥浆性能包括物理稳定性、化学稳定性、相对密度、黏度、含砂率、pH 值等。为了控制泥浆特性，特别是在选定配合比和新浆调制期间，应对上列泥浆性能进行测试。在盾构掘进中，泥浆检测的主要项目是相对密度、黏度和含砂率。

根据地层条件的变化以及泥水分离效果，需要对循环泥浆质量进行调整，使其保持在最佳状态。调整方法主要采用向泥水中添加分散剂、增黏剂、黏土颗粒等添加剂进行调整，必要时须舍弃劣质泥浆，制作新浆。

应设定和保持泥浆压力与开挖面的水土压力以及排出渣土量与开挖渣土量相平衡，并根据掘进状况进行调整和控制。

泥水平衡盾构掘进施工的特征是循环泥浆，用泥浆维持开挖面的稳定，又使开挖渣土成为泥浆用管道输送出地面。要根据开挖面地层条件、地下水状态、隧道埋深条件等对排土量、泥浆质量、送排泥流量、排泥流速进行设定和管理。

泥浆压力的设定与管理：应根据开挖面地层条件与土水压力合理设定泥浆压力。如果泥浆压力不足，可能引发开挖面的坍塌；泥浆压力过大，又可能出现泥浆喷涌。保持泥浆压力在设定的范围内，一般压力波动允许范围为 ±0.02MPa。

排土量的设定与管理：为了保持开挖面稳定和顺利地进行掘进开挖，排土量的设定原则是使排土与开挖的土量相平衡。排土量可用在盾构上配备的流量计和比重计进行检测，通过采集数据进行计算，泥水平衡主要是流量平衡和质量平衡。

当掘进过程遇有大粒径石块时，应采用破碎机破碎，并宜采用隔栅沉淀箱等砾石分离装置分离大粒径砾石，防止堵塞管道。应在泥水管路完全卸压后进行泥水管路延伸、更换。泥水分离设备应满足渣土砂粒径要求，处理能力应满足最大排送渣土量的要求，渣土的存放与搬运应符合环境保护的有关要求。

5.4.6 复合盾构掘进

应根据地层软硬情况、地下水状况、地表沉降控制要求等选择合适的掘进模式。复合盾构是一种不同于一般盾构的新型盾构，其主要特点是具有一机三模式和复合刀盘，即：一台盾构可以分别采用土压平衡、敞开式或半敞开式（局部气压）三种掘进模式掘进；刀盘既可以单独安装掘进硬岩的滚刀或掘进软土的齿刀，也可以两种掘进刀具混装，因此，复合盾构既适用于较高强度（抗压强度不超过80MPa）的岩石地层和软流塑地层施工，也适用于软硬不均匀地层的施工，并能根据地层条件及周边环境条件需要采用适当的掘进模式掘进，确保开挖面地层稳定，控制地表沉降，保护建（构）筑物。在盾构穿过地层为软硬不均匀且复杂变化的复合地层时，应根据地层软硬情况、地下水状况、地表沉降控制要求等选择合适的掘进模式。当地层软弱、地下水丰富，且地表沉降要求高时，应采用土压平衡模式掘进；当地层较硬且稳定可采用敞开模式掘进；当地层软硬不均匀时，则可采用半敞开模式或土压平衡模式掘进。

当复合盾构采用土压平衡模式掘进时，其掘进技术要求、操作方法及掘进管理等与土压平衡盾构相同。掘进模式的转换宜采用局部气压模式（半敞开模式）作为过渡模式，并在地质条件较好地层中完成。

复合盾构的土压平衡、敞开式和半敞开式三种掘进模式在掘进中可以相互转换，在掘进模式转换过程中，特别是土压平衡和敞开模式相互转换时，采用半敞开模式来逐步过渡并在地层条件较好、稳定性较高的地层中完成掘进模式转换，有利于防止在掘进模式转换中发生涌水、地层过大沉降或坍塌，确保施工安全。

掘进前，应根据地层软硬不均匀分布情况，确定刀具组合和更换刀具计划，并应在掘进中加强刀具磨损的检测。不同的刀具其破岩（土）机理不同，相同的刀具对不同地层掘进效果差异大，因此，在掘进前，应针对盾构掘进通过的地层在隧道纵向和横断面的分布情况来确定具体的掘进刀具的组合布置方式和更换刀具的计划。如：对于全断面为岩石地层应采用盘形滚刀破岩；全断面为软土（岩）应采用齿刀掘进；断面内为岩土且软硬混合地层则应采用滚刀和齿刀混合布置。

地层的软硬不均匀会对刀具产生非正常的磨损（如弦磨、偏磨等）甚至损坏，因此，在软硬不均复杂地层的盾构掘进中，应通过对盾构掘进速率、参数和排出渣土等的变化状况的观察分析或采取进仓观测等方法加强对刀具磨损的检测，据此及时调整或恰当实施换刀计划，以较少的刀具消耗实现较高的掘进效率。

根据地层状况采取相应措施对地层和渣土进行改良，降低对刀盘刀具和螺旋输送机的磨损。因岩石地层以及岩、土混合地层含泥量小，开挖下来的渣土流塑性差，形成对开挖面支撑和止水作用的平衡压力效果差，并且地层和渣土对刀盘、刀具和螺旋出土机构的磨损大，因此盾构掘进中应采取渣土改良措施，向刀盘前、土仓内和螺旋输送机内注入添加剂，如：泡沫剂、膨润土浆、聚合物等，以改善渣土的流塑性，稳定工作面和防止喷涌，并降低对刀盘、刀具和螺旋出土机构的磨损。

5.4.7　盾构姿态控制

盾构掘进过程中应随时监测和控制盾构姿态，使隧道轴线控制在设计允许偏差范围内。在竖轴线与平曲线段施工时，应考虑已成环衬砌环竖向、横向位移对隧道轴线控制的影响。

应对盾构姿态及管片状态进行测量和人工复核，并详细记录。当发现偏差时，应及时采取措施纠偏。

实施盾构纠偏必须逐环、小量纠偏，必须防止过量纠偏而损坏已拼装管片和盾尾密封。根据盾构的横向和竖向偏差及转动偏差，可采取千斤顶分组控制或使用仿行刀适量超挖或反转刀盘等措施调整盾构姿态。

盾构掘进施工中，应经常测量和复核隧道轴线、管片状态及盾构姿态，发现偏差应及时纠正。应采用调整盾构姿态的方法来纠偏，纠正横向偏差和竖向偏差时，采取分区控制盾构推进千斤顶的方法进行纠偏；纠正滚动偏差时采用改变刀盘旋转方向、施加反向旋转力矩的方法进行纠偏；曲线段纠偏时可采取使用盾构超挖刀适当超挖增大建筑间隙的办法来纠偏。当偏差过大时，应在较长距离内分次限量逐步纠偏。纠偏时应防止损坏已拼装的管片和防止盾尾漏浆。

盾构掘进遇到下列情况之一时，须及时处理：

（1）盾构前方发生坍塌或遇有障碍；

（2）盾构自转角度过大，超过试掘进参数的30%；

（3）盾构轴线偏离过大，超过试掘进参数的30%；

（4）盾构推力与预计值相差较大时，超过试掘进参数的30%；

（5）管片发生开裂或注浆发生故障无法注浆时；

（6）盾构掘进扭矩发生较大波动时；

（7）遇到不良地质条件。

对于盾构进入以下特殊地段和特殊地质条件施工时，必须有针对性地采取施工措施确保安全通过：

1）覆土厚度小于盾构直径 D 的浅覆土层；

2）小半径曲线地段；

3）大坡度地段；

4）穿过地下管线或重要交通干线地段；

5）遇到地下障碍物的地段；

6）穿越建（构）筑物的地段；

7）平行盾构管廊净间距小于 $0.7D$ 的小净距地段；

8）穿越江河地段；

9）地质条件复杂地段。

特殊地段和特殊地质施工应共同遵循以下规定：盾构施工进入特殊地段和特殊地质条件前，必须详细查明和分析工程的地质状况与管廊周边环境状况，对特殊地段及特殊地质条件下的盾构施工制定相应可靠的施工技术措施。根据管廊所处位置与地层条件，合理设定和慎重管理开挖面压力，把地层变形值控制在预先确定的容许范围以内。必须根据不同管廊所处位置与不同工程地质与水文地质条件，预计壁后注浆的材料和压力与流量，在施工过程中根据量测结果，进行注浆材料和压力与流量调整，防止浆液溢出，以达到严格控制地层隆陷的目的。

施工中应对地表及建（构）筑物等沉降进行预测计算，并加密监测点和频率，根据监测结果不断调整盾构掘进参数；当测量值超过允许值时，应采取应急对策。

5.4.8　刀具更换

应预先确定刀具更换的地点与方法，并做好相关准备工作。刀具更换宜选择在工作井或地质条件较好、地层较稳定的地段进行。在不稳定地层更换刀具时，必须采取地层加固或压气法等措施，确保开挖面稳定。地层条件发生变化时，尤其通过砂卵石地层时，为保证盾构施工安全，需要更换刀具。更换刀具作业顺序一般为先除去土仓中的泥水、渣土，清除刀头上粘附的砂土，设置脚手架，确认需更换的刀头，运人工具、刀具、器材，进行拆卸、更换刀具。

由于更换刀具作业复杂而且时间比较长，容易造成盾构整体下沉、地层变形、地表沉降、损坏地表和地下建（构）筑物等。因此，应采取地层加固措施，保持开挖面稳定。带压进仓更换刀具前，必须完成下列准备工作：

（1）对带压进仓作业设备进行全面检查和试运行；

（2）采用两种不同动力装置，保证不间断供气；

（3）气压作业区严禁采用明火。当确需使用电焊气割时，应对所用设备加强安全检查，还必须加强通风并增加消防设备。

带压更换刀具必须符合下列规定：

（1）通过计算和试验确定合理气压，稳定工作面和防止地下水渗漏；

（2）刀盘前方地层和土仓满足气密性要求；

（3）由专业技术人员对开挖面稳定状态和刀盘、刀具磨损状况进行检查，确定刀具更换专项方案与安全操作规定；

（4）作业人员应按照刀具更换专项方案和安全操作规定更换刀具；

（5）保持开挖面和土仓空气新鲜；

（6）作业人员进仓工作时间符合表 5-1 的规定。

作业人员进仓工作时间表　　　　　　　　　　　　表 5-1

仓内压力（MPa）	工作时间		
	仓内工作时间（h）	加压时间（min）	减压时间（min）
0.01 ~ 0.13	5	6	14
0.13 ~ 0.17	4.5	7	24
0.17 ~ 0.255	3	9	51

注：24h 内只允许工作 1 次。

（7）应作好刀具更换记录。更换记录应包括：刀具编号、原刀具类型、刀具磨损量、刀具运行时间、更换原因、更换刀具类型、位置、数量、更换时间和更换作业人员等。

5.4.9 盾构接收

接收前应制定接收施工方案，主要内容应包括接收掘进、管片拼装、壁后注浆、洞门外土体加固、洞门围护破除、洞门钢圈密封等。盾构到达接收工作井 100m 前，必须对盾构轴线进行测量并作调整，保证盾构准确进入接收洞门。为了达到隧道贯通误差的要求和使盾构准确进入工作井已设置的洞门位置，因此规定在盾构到达前 100m，对盾构轴线进行复测与调整。

盾构到达接收工作井 10m 内,应控制盾构掘进速度、开挖面压力等。为防止由于盾构推力过大以及盾构切口正面土体挤压而损坏工作井洞门结构,当切口离洞口 10cm 起应保证出土量,切口离洞门结构 30～50cm 时盾构应停止掘进,并使切口正面土压力降到最低值,以确保洞门破除施工安全。应按预定的破除方法破除洞门。

盾构主机进入接收工作井后,应及时密封管片坏与洞门间隙。盾构到达接收工作井前,应采取适当措施,使拼装管片环缝挤压密实,确保密封防水效果。

5.5　管片拼装

钢筋混凝土管片应验收合格后方可运至工地。拼装前应编号并进行防水处理。备齐连接件并将盾尾杂物清理干净,举重臂(钳)等设备经检查符合要求后方可进行管片拼装。钢筋混凝土管片拼装中,应保持盾构稳定状态,并防止盾构后退和已砌管片受损,举重钳钳牢管片操作过程中,施工人员应退出管片拼装环范围。

钢筋混凝土管片拼装时应先就位底部管片,然后自下而上左右交叉安装,每环相邻管片应均匀摆布并控制环面平整度和封口尺寸,最后插入封顶管片成环。钢筋混凝土管片拼装成环时,其连接螺栓应先逐片初步拧紧,脱出盾尾后再次拧紧。当后续盾构掘进至每环管片拼装之前,应对相邻已成环的 3 环范围内管片螺栓进行全面检查并复紧。

衬砌管片脱出盾尾后,应配合地面量测及时进行壁后注浆。注浆前应对注浆孔、注浆管路和设备进行检查并将盾尾封堵严密。注浆过程中严格控制注浆压力,完工后及时将管路、设备清洗干净。注浆的浆液应根据地质、地面超载及变形速度等条件选用,其配合比应经试验确定。注浆时壁后空隙应全部充填密实,注浆量应控制在 130%～180%。壁孔注浆宜从综合管廊两腰开始,注完顶部再注底部,当有条件时也可多点同时进行。注浆后应将壁孔封闭,同步注浆时各注浆管应同时进行。

钢筋混凝土管片粘贴防水密封条前应将槽内清理干净,粘贴应牢固、平整、严密、位置正确,不得有起鼓、超长和缺口等现象。钢筋混凝土管片拼装前应逐块对粘贴的防水密封条进行检查,拼装时不得损坏防水密封条。当管廊基本稳定后应及时进行嵌缝防水处理。钢筋混凝土管片拼装接缝连接螺栓孔之间应按设计加设防水垫圈。必要时,螺栓孔与螺杆间应采取封堵措施。

管片拼装完毕后管片应无贯通裂缝，无大于 0.2mm 宽的裂缝及混凝土剥落现象。当管片出现混凝土剥落、缺棱掉角等缺陷时，必须制定方案后进行修补，修补材料强度不应低于管片强度。

5.6　壁后注浆

为控制地层变形，盾构掘进过程中必须对成环管片与土体之间的建筑空隙进行充填注浆；充填注浆一般分为同步注浆、即时注浆和二次补强注浆；注浆可一次或多次完成。注浆压力应根据地质条件、注浆方式、管片强度、设备性能、浆液特性和管廊埋深综合因素确定。

同步注浆或即时注浆的注浆量，根据地层条件、施工状态和环境要求，其充填系数一般取 1.30～2.50。注浆控制有压力控制和注浆量控制，不宜单纯采用一种控制方式。

当管片拼装成型后，根据管廊稳定、周边环境保护要求可进行二次补强注浆，二次补强注浆的注浆量和注浆速度应根据环境条件和沉降监测等确定。

5.7　防水

盾构法施工的管廊一般采用预制拼装式钢筋混凝土管片，其防水包括管片自身防水、管片接缝防水、螺栓孔防水、注浆孔防水等；盾构管廊防水以管片自防水为基础，以接缝防水为重点，辅以对特殊部位的防水处理，以保证管廊内面平均漏水量满足设计要求。

5.7.1　管片接缝防水

管片粘贴防水密封条前应将槽内清理干净，粘贴应牢固、平整、严密、位置正确，不得有起鼓、超长和缺口等现象。管片防水密封条粘贴后，在进场、下井、拼装前要逐块进行检查，发现问题及时修补；拼装时必须防止防水材料发生损坏、脱槽、扭曲和移位等现象；粘贴管片防水密封条前应将管片密封条槽清理干净，粘贴后的防水密封条应牢固、平整、严密、位置正确，不得有起鼓、超长和缺口现象；管片防水密封条粘贴完毕并达到粘贴时间要求后方可拼装；管片拼装前应对粘贴的密封条进行检查，拼装时不得损坏密封条。当盾构管廊基本稳定后应及时进嵌缝防水处理。

5.7.2 特殊部位的防水

管片连接螺栓孔应按设计要求进行防水处理。注浆孔应按设计要求进行防水处理；施工过程如采用注浆孔进行注浆时，注浆结束后要对注浆孔进行密封防水处理。

5.8 监控测量

5.8.1 一般规定

盾构掘进施工必须有专人负责监控量测，盾构施工中应结合施工环境、地层条件、施工方法与进度确定监控量测方案。监控量测范围应包括盾构管廊和施工环境，监控量测手段必须直观、可靠、科学，对突发安全事故应有应急监测预案。盾构施工中一般采用的监控量测项目见表5-2；穿越江、河等特殊地段的监控量测项目应根据设计要求制定。

监控量测项目　　　　　　　　　　　　　　　　表 5-2

类别	监测项目
必测项目	施工线路地表和沿线建筑物、构筑物和管线变形测量
	管廊结构变形测量（包括拱顶下沉、隧道收敛）
选测项目	土体内部位移（包括垂直和水平）
	衬砌环内力和变形
	土层与管片的接触应力
	孔隙水压力

5.8.2 盾构管廊环境监控量测

管廊环境监控量测应包括线路地表沉降观测、沿线邻近建（构）筑物变形测量和地下管线变形测量等。线路地表沉降观测应沿线路中线按断面布设，观测点埋设范围应能反映变形区变形状况。当城市隧道埋深小于2倍洞径时，纵断面监测点间距宜为 3～10m，横断面间距宜为 50～100m，监测的横断面宽度应大于变形影响范围，监测点间距宜为 3～5m；地表地物、地下物体较少地区断面设置可放宽；对特殊地段，地表沉降观测断面和观测点的设置应编制专项方案。变形测量频率应根据工程要求和监测对象的变形量和变形速率确定。

5.8.3 综合管廊结构监控量测

综合管廊结构监控量测内容应包括沉降和椭圆度量测，必要时还应进行衬砌环应力等量测；变形测量频率应根据工程要求和监测对象的变形量和变形速率确定。宜利用计算机实现测量数据采集实时化、数据处理自动化、数据输出标准化，并应建立监控量测数据库。

当实测变形值大于允许变形的三分之二时，必须及时通报建设、施工、监理等单位，并采取相应措施；工程竣工后应提供监控量测技术总结报告。

5.8.4 施工安全性评价

监控量测信息反馈应根据监控量测数据分析结果，对施工安全性进行评价，并提出相应的工程对策与建议。管廊施工过程中应进行监控量测数据的实时分析和阶段分析。每天根据监测数据及时进行分析，发现安全隐患应分析原因并提交异常报告，原则上按周、月递交分析报告，但特殊情况下必须紧急报告。监测实施单位应及时将量测数据和分析结果反馈给设计和监理单位，并迅速处理。根据量测结果，必须按施工安全评价流程图（图5-1）开展工作。

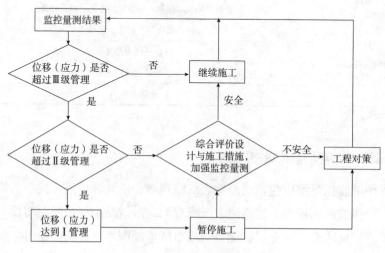

图5-1 施工安全评价流程图

根据位移控制基准，施工安全性评价可按表 5-3 分为三个管理等级。

施工安全性评价位移管理等级　　　　　　　表 5-3

管理等级	距开挖面 1B	距开挖面 2B
III	$U < U_{1B}/3$	$U < U_{2B}/3$
II	$U_{1B}/3 \leq U \leq 2U_{1B}/3$	$U_{2B}/3 \leq U \leq 2U_{2B}/3$
I	$U > 2U_{1B}/3$	$U > 2U_{2B}/3$

注：表中开 B 为隧道开挖宽度，U 为实测位移值。

根据施工安全性评价确定的管理等级，可按表 5-4 采取相应的工程对策措施。

施工安全性评价级别与相应的对策措施　　　　　表 5-4

管理等级	应对措施
III	正常施工
II	综合评价设计、施工措施，加强监控量测，必要时采取相应的工程对策
I	暂停施工，采取相应的工程对策

位移控制基准应根据测点距开挖面的距离，由初期支护极限相对位移按表 5-5 的要求确定。

位移控制基准　　　　　　　　　　　　　表 5-5

类别	距开挖面 1B	距开挖面 2B	距开挖面较远
允许值	$65\%U_0$	$90\%U_0$	$100\%U_0$

注：表中 B 为隧道开挖宽度，U_0 为极限相对位移值，由设计给定或参照《铁路隧道监控量测技术规程》第 4.5.2 条选择。

地表沉降控制基准应根据地层稳定性、周围建（构）筑物的安全要求分别确定，取两者最小值。

当出现变形加速、应力或应变急剧增大并接近控制基准值，以及通过观察发现结构开裂与渗漏水异常、钢架压屈等情况时，必须在确保安全的前提下迅速实施结构加固和补强措施，必要时可暂停施工。

5.9　盾构调头、过站、解体

调头和过站前，应做好施工现场调查、技术方案以及现场准备工作，调头和过站设备必须满足盾构安全调头和过站要求。盾构调头和过站可选择方案较多，可根据竖井尺寸、盾构直径、重量及移动距离等决定。由于盾构重量大、体积大，起吊、移动调头工作时间长，因此必须预先编制安全、可靠的调头和过站技术方案。当盾构在工作井内调头时，可采用临时转向台调头；小直径且重量轻的盾构，可用起重机直接起吊调头。当盾构在井下通过车站移动至另一个区间掘进施工时，其移动距离较大，可采用移车台，或在预设轨道上使用顶推、牵引等方法调头。

盾构调头和过站时必须有专人指挥，专人观察盾构转向或移动状态，避免方向偏离或碰撞。调头和过站后完成盾构管线的连接工作，连接后应按组装、调试步骤重新进行。

盾构解体前，应制定详细的解体方案，并准备解体使用的吊装设备、工具、材料等，应对各部件进行检查，并应对液压系统和电气系统进行标识。对已拆卸的零部件应做好清理和维护保养工作。

5.10 质量验收

盾构法综合管廊施工验收应符合下列规定：

1. 主控项目

（1）管片出厂时的混凝土强度与抗渗等级必须符合设计要求。

检查数量：应符合现行国家标准《混凝土结构工程施工质量验收规范》GB 50204 的规定。

检验方法：检查同条件混凝土试件的强度和抗渗报告。

（2）管片混凝土外观质量不应有严重缺陷，管片外观质量缺陷等级宜按表 5-6 划分。

检查数量：全数检查。

检验方法：观察或尺量。

混凝土管片外观质量缺陷等级

表 5-6

缺陷	缺陷描述	等级
露筋	管片内钢筋未被混凝土包裹而外露	严重缺陷
蜂窝	混凝土表面缺少水泥砂浆而形成石子外露	严重缺陷

续表

缺陷	缺陷描述	等级
孔洞	混凝土内孔穴深度和长度均超过保护层厚度	严重缺陷
夹渣	混凝土内夹有杂物且深度超过保护层厚度	严重缺陷
疏松	混凝土中局部不密实	严重缺陷
裂缝	可见的贯穿裂缝	严重缺陷
	长度超过密封槽、宽度大于 0.1mm，且深度大于 1mm 的裂缝	严重缺陷
	非贯穿性干缩裂缝	一般缺陷
外形缺陷	棱角磕碰、飞边等	一般缺陷
外表缺陷	密封槽部位在长度 500mm 的范围内存在直径大于 5mm、深度大于 5mm 的气泡超过 5 个	严重缺陷
	管片表面麻面、掉皮、起砂、存在少量气泡等	一般缺陷

（3）结构表面应无裂缝、无缺棱掉角，管片接缝应符合设计要求。

检验数量：全数检验。

检验方法：观察检验，检查施工日志。

（4）综合管廊防水应符合设计要求。

检验数量：逐环检验。

检验方法：观察检验，检查施工日志。

（5）衬砌结构不应侵入建筑限界。

检查数量：每 5 环检验 1 次。

检验方法：全站仪、水准仪测量。

（6）综合管廊轴线平面位置和高程偏差应符合表 5-7 的规定。

综合管廊轴线平面位置和高程偏差应　　　　　　　　　　　　　表 5-7

项目	允许偏差（mm）	检验方法	检测频率
综合管廊轴线平面位置	±100	用全站仪测中线	10 环
综合管廊轴线高程	±100	用水准仪测高程	10 环

2. 一般项目

（1）钢筋和钢筋骨架的制作、安装偏差、检验方法应符合表 5-8、表 5-9 的规定。

钢筋加工允许偏差和检验方法   表 5-8

项目	允许偏差（mm）	检验方法	检验数量
主筋和构造筋长度	±10	钢卷尺量测	每班同设备生产15环同类型钢骨架，应抽检不少于5根
主筋折弯点位置	±10		
箍筋内净尺寸	±10		

钢筋骨架制作、安装允许偏差和检验方法   表 5-9

项目		允许偏差（mm）	检验方法	检验数量
钢筋骨架	长	+5，−10	钢卷尺量测	按日生产量的3%进行抽检，每日抽检不少于3件，且每件检验4点
	宽	+5，−10		
	高	+5，−10		
主筋	间距	±5		
	净距	±5		
	保护层厚度	+5，−3		
箍筋间距		±10		
分布筋间距		±5		

（2）存在一般缺陷的管片数垫不得大于同期生产管片总数量的10%，并应由生产厂家按技术要求处理后重新验收。

检查数量：金数检查。

检验方法：观察，检查技术处理方案。

（3）管片的尺寸偏差应符合表 5-10 的规定。

管片允许偏差和检验方法   表 5-10

项目	允许偏差（mm）	检验方法	检验数量
宽度	±1	卡尺量测	3点
弧、弦长	±1	样板、塞尺量测	3点
厚度	+3，−1	钢卷尺量测	3点

检查数量：每日生产且不超过 15 环，抽查 1 环。

检验方法：尺量。

（4）水平拼装检验的频率和结果应符合表 5-11 的规定。

管片水平拼装检验允许偏差和检验方法　　　　　　　　　表 5-11

项目	允许偏差（mm）	检验频率	检验方法
环向缝间隙	2	每缝测 6 点	塞尺量测
纵向缝间隙	2	每缝测 2 点	塞尺量测
成环后内劲	±2	测 4 条（不放衬垫）	钢卷尺量测
成环后外径	+6，−2	测 4 条（不放衬垫）	钢卷尺量测

检测数量：每日生产且不超过 200 环，水平拼装后检验 1 次。

检验方法：尺量。

（5）管片成品检漏测试应按设计要求进行。

检查数量：管片每生产 100 环应抽查 1 块管片进行检漏测试，连续 3 次达到检测标准，则改为每生产 200 环抽查 1 块管片，再连续 3 次达到检漏标准，按最终检测频率为 400 环抽查 1 块管片进行检漏测试。如出现一次不达标，则恢复每100 环抽查 1 块管片的最初检测频率，再按上述要求进行抽检。当检测频率为每100 环抽查 1 块管片时，如出现不达标，则双倍复检；如再出现不达标，必须逐块检测。

检查方法：观察、尺量。

（6）管廊运行偏差值应符合表 5-12 的规定。

管廊运行偏差　　　　　　　　　　　　　　　　表 5-12

项目	允许偏差（mm）	检验频率	检查频率
衬砌环直径椭圆度	±0.6%D	尺量后计算	10 环
相邻管片的径向错台	10	尺量	4 点/环
相邻管片的环向错台	15	尺量	1 点/环

注：D 指管廊的外直径，单位：mm。

盾构掘进法施工，应对下列项目进行中间检验，并符合本章有关规定：

1）管片制作：模板、钢筋、混凝土、制作成型的单块预制管片检漏测试和水平拼装检验；

2）盾构掘进及管片拼装：

①管廊的平面及高程；

②管片接缝的防水材料及密封条的粘贴质量；

③管片的拼装及连接。

管廊结构竣工验收应符合下列规定：

1）钢筋混凝土管片结构抗压强度、抗渗压力应符合设计规定；

2）结构表面应无渗漏裂缝，无缺棱、掉角，管片接缝严密。其允许偏差应符合本指南规定。工程竣工验收应提供下列资料：

①原材料、预制管片等成品、半成品质量合格证；

②各种试验报告和质量评定记录；

③隐蔽工程验收记录；

④工程测量定位记录；

⑤衬砌环轴线高程、平面偏移位；

⑥衬砌渗漏水量检测值；

⑦图纸会审记录、变更设计或治商记录；

⑧监控量测记录；

⑨开竣工报告；

⑩竣工图。

为保证管廊结构工程质量，从管片制作开始，就应精心施工，并对每一道工序进行检验，这样，才能最终保证管廊结构的工程质量。管廊结构不仅承受土压荷载，同时还要满足防水要求。因此，其抗压强度和抗渗压力必须符合设计要求，同时，管片接缝是防水薄弱环节，施工必须精心，保证质量，以防渗漏水。

第6章 顶管法施工

6.1 方案选择

顶管施工应主要根据土质情况、地下水位、施工要求等，在保证工程质量、施工安全等的前提下，合理选用顶管机型。顶管机和相应施工方法选择参照表6-1。

顶管机选用参考表

表6-1

编号	顶管机形式	适用管道内径 D(mm) 管顶覆土厚度 H(m)	地层稳定措施	适用地层	适用环境
1	手掘式	D: 900~4200 H: ≥3m 或 ≥1.5D	遇砂性土用降水法疏干地下水； 管道外周注浆形成泥浆套	黏性或砂性土，在软塑和流塑黏土中慎用	允许管道周围地层和地面有较大变形，正常施工条件下变形量10~20cm
2	挤压式	D: 900~4200 H: ≥3m 或 ≥1.5D	1.适当调整推进速度和进土量； 2.管道外周注浆形成泥浆套	软塑和流塑性黏土，软塑和流塑的黏性土夹薄层粉砂	允许管道周围地层和地面有较大变形，正常施工条件下变形量10~20cm
3	网格式 （水冲）	D: 1000~2400 H: ≥3m 或 ≥1.5D	适当调整开口面积，调整推进速度和进土量，管道外周注浆形成浆套	软塑和流塑性黏土，软塑和流塑的黏性土夹薄层粉砂	允许管道周围地层和地面有较大变形，精心施工条件下地面变形量可小于15cm
4	斗铲式	D: 1800~2400 H: ≥3m 或 ≥1.5D	气压平衡开挖面土压力，管道周围注浆形成泥浆套	地下水位以下的砂性土和黏性土，但黏性土的渗透系数应不大于10~4cm/s	允许管道周围地层和地面有中等变形，精心施工条件下地面变形量可小于10cm
5	多刀盘土压平衡式	D: 900~2400 H: ≥3m 或 ≥1.5D	胸板前密封舱内土压平衡地层和地下水压力，管道周围注浆形成泥浆套	软塑和流塑性黏土，软塑和流塑的黏性土夹薄层粉砂。黏质粉土中慎用	允许管道周围地层和地面有中等变形，精心施工条件下地面变形量可小于10cm
6	刀盘全断面切削土压平衡式	D: 900~2400 H: ≥3m 或 ≥1.5D	胸板前密封舱内土压平衡地层和地下水压力，以土压平衡装置自动控制，管道周围注浆形成泥浆套	软塑和流塑性黏土，软塑和流塑的黏性土夹薄层粉砂。黏质粉土中慎用	允许管道周围地层和地面有较小变形，精心施工条件下地面变形量可小于5cm

编号	顶管机形式	适用管道内径 D(mm) 管顶覆土厚度 H(m)	地层稳定措施	适用地层	适用环境
7	加泥式机械土压平衡式	D: 600~4200 H: ≥3m 或 ≥1.5D	胸板前密封舱内混有黏土浆液的塑性土压力平衡地层和地下水压力,以土压平衡装置自动控制,管道周围注浆形成泥浆套	地下水位以下的黏性土、砂质粉土、粉砂。地下水压力大于 200kPa,渗透系数大于等于 10~3cm/s 时慎用	允许管道周围地层和地面有较小变形,精心施工条件下地面变形量可小于 5cm
8	泥水平衡式	D: 250~4200 H: ≥3m 或 ≥1.5D	胸板前密封舱内的泥浆压力平衡地层和地下水压力,以泥水平衡装置自动控制,管道周围注浆形成泥浆套	地下水位以下的黏性土、砂性土。渗透系数大于 10~1cm/s,地下水流速较大时,严防护壁泥浆被冲走	允许管道周围地层和地面有很小变形,精心施工条件下地面变形量可小于 3cm
9	混合式顶管机	D: 250~4200 H: ≥3m 或 ≥1.5D	上述方法中两种工艺的结合	根据组合工艺而定	根据组合工艺而定
10	挤密式顶管机	D: 150~400 H: ≥3m 或 ≥1.5D	将泥土挤入周围土层而成孔,无须排土	松软可挤密地层	允许管道周围地层和地面有较大变形

注:表中的 D、H 值可根据具体情况进行适当调整。

顶管顶进方法的选择,应根据工程设计要求、工程水文地质条件、周围环境和现场条件,经技术经济比较后确定,并应符合下列规定:

(1)采取敞口式(手掘式)顶管机时,应将地下水位降至管底以下不小于 0.5m 处,并应采取措施,防止其他水源进入顶管的管道;

(2)周围环境要求控制地层变形或无降水条件时,宜采用封闭式的土压平衡或泥水平衡顶管机施工;

(3)穿越建(构)筑物、铁路、公路、重要管线和防汛墙等时,应制订相应的保护措施。

6.2 工作井

顶进工作井后背墙应符合下列规定:

(1)两个方向有折角时,应对后背墙结构及布置进行设计;

(2)装配式后背墙宜采用方木、型钢或钢板等组装,底端宜在工作坑底以下不小于 500mm;组装构件应规格一致、紧贴固定;后背上体壁面应与后背墙贴紧,有孔隙时应采用砂石料填塞密实;

（3）无原土作后背墙时，宜就地取材设计结构简单、稳定可靠、拆装方便的人工后背墙；

（4）利用已顶进完成的管道作后背时，待顶进管道的最大允许顶力应小于已完成顶进管道的外壁摩擦阻力；后背钢板与管口端面之间应衬垫缓冲材料，并应采取措施保护已顶入管道的接口不受损伤。

顶进工作井内布置及设备安装、运行应符合下列规定：

（1）顶铁的强度、刚度应满足最大允许顶力要求；顶铁与管端面之间应采用缓冲材料衬垫；顶进作业时，作业人员不得在顶铁上方及侧面停留；

（2）千斤顶宜固定在支架上，并与管道中心的垂线对称；油泵应与千斤顶相匹配，并应有备用油泵；千斤顶、油泵、换向阀及连接高压油管等安装完毕，应进行试运转；顶进中若发现油压突然增高，应立即停止顶进，检查原因并经处理后方可继续顶进；

（3）应根据计算的最大顶力确定顶进设备，并有备用千斤顶；液压传动系统的动力装置、高压油泵、油箱及其控制阀等工作压力应与千斤顶匹配；液压系统的各部件，应单体试验合格后方可安装，全部安装后必须试运转，达到要求后方可使用；顶进过程中，当液压系统发生故障时应立即停止运转，严禁在工作状态下检修。

工作井洞口施工应符合下列规定：

（1）进、出洞口的位置应符合设计和施工方案的要求；

（2）洞口土层不稳定时，应对土体进行改良，进出洞施工前应检查改良后的土体强度和渗漏水情况；

（3）设置临时封门时，应考虑周围土层变形控制和施工安全等要求；封门应拆除方便，拆除时应减小对洞门土层的扰动；

（4）顶进施工的洞口应设置止水装置，止水装置联结环板应与工作井壁内的预埋件焊接牢固，且用胶凝材料封堵；采用钢管做预埋顶管洞口时，钢管外宜加焊止水环；在软弱地层，洞口外缘宜设支撑点。

6.3　管道（涵）进、出洞口

进、出工作井时，应根据工程地质和水文地质条件、埋设深度、周边环境和顶进方法，选择技术经济合理的技术措施，并应符合下列规定：

（1）应保证顶管进、出工作井和顶进过程中洞圈周围的土体稳定；

（2）应考虑顶管机的切削能力；

（3）洞口周围土体含地下水时，若条件允许可采取降水措施，采取注浆等措施加固土体以封堵地下水；在拆除封门时，顶管机外壁与工作井洞圈之间应设置洞口止水装置，防止顶进施工时泥水渗入工作井。

工作井洞口封门拆除应符合下列规定：

（1）钢板桩工作井，可拔起或切割钢板桩露出洞口，并采取措施防止洞口上方的钢板桩下落；

（2）工作井的围护结构为沉井工作井时，应先拆除洞圈内侧的临时封门，再拆除井壁外侧的封板或其他封填物；

（3）在不稳定土层中顶管时，封门拆除后应将顶管机立即顶入土层；

（4）拆除封门后，顶管机应连续顶进，直至洞口及止水装置发挥作用为止；

（5）在工作井洞口范围可预埋注浆管，管道进入土体之前可预先注浆。

6.4 管道（涵）顶进

顶进前的检查一般包括以下内容：

（1）全部设备经过检查并经过试运转；

（2）顶管掘进机在导轨上的中心线、坡度和高程应符合规定；

（3）制定了防止流动性土或地下水由洞口进入工作坑的措施；

（4）开启封门的措施完备。

顶进具备条件一般包括以下内容：

（1）主体结构混凝土必须达到设计强度，防水层及防护层应符合设计要求；

（2）顶进后背和顶进设备安装完成，经试运转合格；

（3）线路加固方案完成，并经主管部门验收确认；

（4）线路监测、抢修人员及设备等应到位；

（5）劳动力组织及观测、试验人员分工明确。

试顶要符合下列规定：

（1）各观测点均应有专人负责，随时检查变化情况；

（2）开泵后，每当油压升高 5～10MPa 时，应停泵观察，发现异常及时处理；

（3）当千斤顶活塞开始伸出，顶柱（铁）压紧后应立即停顶，经检查各部位无异常现象时，再开泵直至涵身启动。

顶进作业应符合下列规定：

（1）应根据土质条件、桥涵的净空尺寸、周围环境控制要求、顶进方法、各项顶进参数和监控数据、顶管机工作性能等，确定顶进、开挖、出土的作业顺序和调整顶进参数；

（2）掘进过程中应严格量测监控，实施信息化施工，确保开挖掘进开挖面的土体稳定和土（泥水）压力平衡；并控制顶进速度、挖土和出土量，减少土体扰动和地层变形；

（3）采用敞口式（手工掘进）顶管机，在允许超挖的稳定土层中正常顶进时，管下部 135° 范围内不得超挖；管顶以上超挖量不得大于 15mm；

（4）管道顶进过程中，应遵循"勤测量、勤纠偏、微纠偏"的原则，控制顶管机前进方向和姿态，并应根据测量结果分析偏差产生的原因和发展趋势，确定纠偏的措施；

（5）开始顶进阶段，应严格控制顶进的速度和方向；

（6）进入接收工作井前应提前进行顶管机位置和姿态测量，并根据进口位置提前进行调整；

（7）钢筋混凝土管（涵）接口应保证橡胶圈正确就位；钢管接口焊接完成后，应进行防腐层补口施工，焊接及防腐层检验合格后方可顶进；

（8）应严格控制管（涵）线形，对于柔性接口管（涵），其相邻管间转角不得大于该管材的允许转角；

（9）每次挖土进尺及开挖面的坡度，应根据土质和线路加固情况以及千斤顶的顶程确定，开挖坡面应平顺整齐，不得有反坡；

（10）两侧应欠挖 5cm，以使钢刃脚切土前进；当为斜交涵时，前端锐角一侧清底困难，应优先开挖；当设有中刃脚时，应紧切土前进，使上下两层隔开，不得挖通，平台上不得积存土方；

（11）列车或车辆通过时严禁挖土，人员应撤离至土方可能坍塌范围以外；当挖土或顶进过程中发生塌方，影响行车安全时必须停止顶进，迅速组织抢修加固；

（12）挖运土方与顶进作业应循环交替进行，严禁同时进行；

（13）顶进圆形箱涵均应安装导轨，导轨应顺直，安装时应稳定牢固，严格控制高程、内距及中心线；可按管节的外径制作弧形样板进行检查；导轨高程及内距允许偏差为 ±2mm，中线允许偏差为 3mm，管节外径距枕木不得小于 20mm。

6.5 顶力计算

计算施工顶力时，应综合考虑管节材质、顶进工作井后背墙结构的允许最大荷载、顶进设备能力、施工技术措施等因素；施工最大顶力应大于顶进阻力，但不得超过管材或工作井后背墙的允许顶力。

施工最大顶力有可能超过允许顶力时，应采取减少顶进阻力、增设中继间等施工技术措施。顶进阻力计算应按当地的经验公式，或参照现行国家标准《给水排水管道工程施工及验收规范》GB 50268 中相关规定计算。顶管的顶力亦可按下式计算（亦可采用当地的经验公式确定）：

$$P = f \times \gamma \times D_1 \times \left(2H + (2H + D_1) \times \tan^2\left(45° - \frac{\phi}{2}\right) + \frac{\omega}{\gamma \times D_1} \right) \times L + P_1 \qquad (6-1)$$

式中：P——计算的总顶力（kN）；

γ——管道所处土层的重力密度（kN/m³）；

D_1——管道的外径 / 箱涵外立面高度（m）；

H——管道顶部以上覆盖土层的厚度（m）；

ϕ——管道所处土层的内摩擦角；

ω——管道单位长度的自重（kN/m）；

L——管道的计算顶进长度（m）；

f——顶进时，管道表面与其周围土层之间的摩擦系数，其取值可按表 6-2 所列数据选用；

P_1——顶进时顶管掘进机的迎面阻力（其取值见表 6-2）（kN）。

顶进管道与其周围土层的摩擦系数   表 6-2

土层类型	湿	干
黏土、粉质黏土	0.2 ~ 0.3	0.4 ~ 0.5
砂土、粉质砂土	0.3 ~ 0.4	0.5 ~ 0.6

采用敞开式顶管法施工时，顶管掘进机的切入阻力可按下面公式计算：

$$P_1 = \pi \times D_2 \times t_s \times P_2 \qquad (6-2)$$

式中：P_1——顶进时顶管掘进机的迎面阻力（kN）；

D_2——顶管机外径（m）；

　　t_s——切削工具管的壁厚（m）；

　　P_2——单位面积土的端部阻力（表 6-3）（kN/m²）。

不同地层的单位面积土的端部阻力　　　　　　　　表 6-3

土层类型	P_2（kN/m²）
软岩，固结土	12000
砂砾石层	7000
致密砂层	6000
中等密度砂层	4000
松散砂层	2000
硬~坚硬黏土层	3000
软~硬黏土层	1000
粉砂层，淤积层	400

　　在封闭式压力平衡顶管施工中，迎面阻力可以用如下经验公式进行计算：

$$P_1 = 13.2 \times \pi \times D_3 \times N \qquad (6-3)$$

式中：D_3——掘进机外径（m）；

　　　N——土的标准贯入指数。

　　曲线顶进时，应分别计算其直线段和曲线段的顶进力，然后累加即得总的顶进力；直线段的顶进力仍然按照上述公式来计算，而曲线段的顶进力则可按照下面的公式进行计算：

$$F_n = K^n \times F_0 + \frac{F' \times (K^{(n+1)} - K)}{K-1} \qquad (6-4)$$

式中：F_n——顶进力（kN）；

　　　K——曲线顶管的摩擦系数；$K = 1/(\cos\alpha - k \cdot \sin\alpha)$；其中，$\alpha$ 为每一根管节所对应的圆心角，k 为管道和土层之间的摩擦系数，$k = \tan\phi/2$；

　　　n——曲线段顶进施工所采用的管节数量；

　　　F_0——开始曲线段顶进时的初始推力（kN）；

　　　F'——作用于单根管节上的摩阻力（kN）。

6.6 后背设计

后背是顶进管道时为千斤顶提供反作用力的一种结构，有时也称为后座、后背或者后背墙等；在施工中，要求后背必须保持稳定，一旦后背遭到破坏，顶管施工就要停顿；后背的设计要通过详细计算，其重要程度不亚于顶进力的预测计算。

后背的最低强度应保证在设计顶进力的作用下不被破坏，并留有较大的安全度；要求其本身的压缩回弹量为最小，以利于充分发挥主顶工作站的顶进效率；在设计和安装后背时，应使其满足如下要求：

（1）要有充分的强度；

（2）要有足够的刚度；

（3）后背表面应平直；

（4）后背材料的材质要均匀一致；

（5）结构简单、装拆方便。

利用已顶进完毕的管道作后背时，应符合下列规定：

（1）待顶管道的顶进力应小于已顶管道的顶进力；

（2）后背钢板与管口之间应衬垫缓冲材料；

（3）采取措施保护已顶入管道的接口不受损伤。

6.7 中继间

采用中继间顶进时，其设计顶力、设置数量和位置应符合施工方案，并应符合下列规定：

（1）设计顶力严禁超过管材允许顶力；

（2）第一个中继间的设计顶力，应保证其允许最大顶力能克服前方管道的外壁摩擦阻力及顶管机的迎面阻力之和；

（3）确定中继间位置时，应留有足够的顶力安全系数；

（4）中继间密封装置宜采用径向可调形式，密封配合面的加工精度和密封材料的质量应满足要求；

（5）超深、超长距离顶管工程，中继间应具有可更换密封止水圈的功能。

中继间的安装、运行、拆除应符合下列规定：

（1）中继间壳体应有足够的刚度；其千斤顶的数量应根据该段施工长度的顶力计算确定，并沿周长均匀分布安装；其伸缩行程应满足施工和中继间结构受力的要求；

（2）中继间外壳在伸缩时，滑动部分应具有止水性能和耐磨性，且滑动时无阻滞；

（3）中继间安装前应检查各部件，确认正常后方可安装；安装完毕应通过试运转检验后方可使用；

（4）中继间的启动和拆除应由前向后依次进行；

（5）拆除中继间时，应具有对接接头的措施；中继间的外壳若不拆除，应在安装前进行防腐处理。

6.8　减阻剂选择及相应措施

长距离顶管施工中，降低顶进阻力最有效的方法是进行注浆，一般应满足下列要求：

（1）选择优质的触变泥浆材料，对膨润土取样测试；主要指标为造浆率、失水量和动塑比；

（2）压浆方式要以同步注浆为主，补浆为辅；在顶进过程中，要经常检查各推进段的浆液形成情况；

（3）注浆工艺由专人负责，质量员定期检查。

一般采用具有触变性的悬浮液（如膨润土浆液或膨润土浆液加聚合物等）作为润滑材料；在水力输送微型隧道工法中，通常也采用清水或者清水加聚合物作为平衡和输送介质；顶管施工一般优先选用钠基膨润土。

注浆管道分为主管和支管两种，主管道宜选用直径为 40~50mm 的钢管，支管可选用 25~30mm 的橡胶管；要求管路接头在压力 1kPa 下无渗漏现象。注浆孔的位置应尽可能均匀地分布于管道周围，其数量和间距依据管道直径和浆液在地层中的扩散性能而定；每个断面可设置 3~5 个注浆孔，均匀地分布于管道周围；要求注浆孔具有排气功能；

采用触变泥浆减阻时，应编制施工设计，并应包括以下内容：

（1）泥浆配合比、压浆数量和压力的确定；

（2）泥浆制备和输送设备及其安装规定；

（3）注浆工艺、注浆系统及注浆孔的布置；

（4）顶进洞口的泥浆封闭措施；

（5）泥浆的置换。

触变泥浆的压浆泵宜采用活塞泵或螺杆泵；管路接头宜选用拆卸方便、密封可靠的活接头。触变泥浆的配合比，应按照管道周围土层的类别、膨润土的性质和触变泥浆的技术指标确定；触变泥浆的注浆量，可按照管道与其周围土层之间的环状间隙体积的 1.5~2.0 倍估算。

泥浆的灌注应符合下列规定：

（1）搅拌均匀的泥浆应静止一定时间后方可灌注；

（2）注浆前，应对注浆设备进行检查，确认设备工作正常后方可开始灌注；

（3）在注浆过程中，应根据减阻和控制地面变形的实际监测数据，及时调整注浆流量和注浆压力等工艺参数；在注浆时必须密切进行沉降量的观测。

6.9　施工的测量与纠偏

施工过程中应对管道水平轴线和高程、顶管机姿态等进行测量，并及时对测量控制基准点进行复核；发生偏差时应及时纠正。顶进施工测量前应对井内的测量控制基准点进行复核；发生工作井位移、沉降、变形时应及时对基准点进行复核。

管道水平轴线和高程测量应符合下列规定：

（1）出顶进工作井进入土层，每顶进 300mm，测量不应少于 1 次；正常顶进时，每顶进 1000mm，测量不应少于 1 次；

（2）进入接收工作井前 30m 应增加测量，每顶进 300mm，测量不应少于一次；

（3）全段顶完后，应在每个管节接口处测量其水平轴线和高程；有错口时，应测出相对高差；

（4）纠偏量较大或频繁纠偏时应增加测量次数；

（5）测量记录应完整、清晰。

距离较长的顶管，宜采用计算机辅助的导线法（自动测量导向系统）进行测量；在管道内增设中间测站进行常规人工测量时，宜采用少设测站的长导线法，每次测量均应对中间测站进行复核。

纠偏应符合下列规定：

（1）顶管过程中应绘制顶管机水平与高程轨迹图、顶力变化曲线图、管节编号图，随时掌握顶进方向和趋势；

（2）在顶进中及时纠偏；

（3）采用小角度纠偏方式；

（4）纠偏时开挖面土体应保持稳定；采用挖土纠偏方式，超挖量应符合地层变形控制和施工设计要求；

（5）刀盘式顶管机应有纠正顶管机旋转措施。

6.10　地表及构筑物变形及形变监测和控制措施

根据设计要求、工程特点及有关规定，对管（隧）道沿线影响范围地表或地下管线等建（构）筑物设置观测点，进行监控测量；监控测量的信息应及时反馈，以指导施工，发现问题及时处理。

在市区内施工时，为了不影响对其他地上或地下建筑物或构筑物的扰动，必须进行地面变形监测和建筑物的沉降观测，按建设单位的要求，在指定地段进行施工监测布置，观测在顶进过程中地面变形和土体位移情况，以便及时采取措施，保证地上或地下建筑物或构筑物的安全和正常使用；顶进结束后应绘制施工过程和竣工后的地面变形图；

监控测量的控制点（桩）设置应符合现行国家标准《给水排水管道工程施工及验收规范》GB 50268 中第 3.1.7 条的规定，每次测量前应对控制点（桩）进行复核，如有扰动，应进行校正或重新补设。

6.11　安全技术措施

施工前进行安全风险评估：

（1）施工前应根据工程水文地质条件、现场施工条件、周围环境等因素，进行安全风险评估；并制定防止发生事故以及事故处理的应急预案，备足应急抢险设备、器材等物资；

（2）根据工程设计、施工方法、工程水文地质条件，对邻近建（构）筑物、管线，应采用土体加固或其他有效的保护措施。

采用起重设备或垂直运输系统时，应符合下列规定：

（1）起重设备必须经过起重荷载计算；

（2）使用前应按有关规定进行检查验收，合格后方可使用；

（3）起重作业前应试吊，确认安全后方可起吊；起吊时工作井内严禁站人；

（4）严禁超负荷使用；

（5）工作井上、下作业时必须有联络信号。

所有设备、装置在使用中应按规定定期检查、维修和保养。

6.12 质量验收

顶管法综合管廊施工验收应符合下列规定。

1. 主控项目

滑板轴线位置、结构尺寸、顶面坡度、锚梁、方向墩等应符合施工设计要求。

检查数量：全数检查。

检验方法：观察、检查施工记录。

2. 一般项目

（1）滑板允许偏差应符合表 6-4 的规定。

滑板允许偏差　　　　　　　　　　　　　　　　　　　　表 6-4

项目	允许偏差（mm）	检验频率		检验方法
		范围	点数	
中线偏位	50	每座	4	用经纬仪测量纵、横各 1 点
高程	50		5	用水准仪测量
平整度	5		5	用 2m 直尺、塞尺量

（2）综合管廊预制允许偏差应符合表 6-5 的规定。

箱涵预制允许偏差　　　　　　　　　　　　　　　　　　表 6-5

项目		允许偏差（mm）	检验频率		检验方法
			范围	点数	
断面尺寸	净空宽	±30	每座每节	6	用钢尺量，沿全长中间及两端的左、右各 1 点
	净空高	±50		6	用钢尺量，沿全长中间及两端的上、下各 1 点
厚度		±10		8	用钢尺量，每端顶板、底板及两侧壁各 1 点

续表

项目	允许偏差（mm）	检验频率		检验方法
		范围	点数	
长度	±50	每座每节	4	用钢尺量，两侧上、下各 1 点
侧向弯曲	$L/1000$		2	沿构件全长拉线、用钢尺量，左、右各 1 点
轴线偏位	10		2	用经纬仪测量
垂直度	≤ 0.15%H 且不大于 10		4	用经纬仪测量或垂线和钢尺量，每侧 2 点
两对角线长度差	75		1	用钢尺量顶板
平整度	5		8	用 2m 直尺、塞尺量（两侧内墙各 4 点）

（3）混凝土结构表面应无孔洞、露筋、蜂窝、麻面和缺棱掉角等缺陷。

检查数量：全数检查。

检验方法：观察。

（4）综合管廊顶进允许偏差应符合表 6-6 的规定。

顶进允许偏差　　　　　　　　　　　　　　　表 6-6

项目		允许偏差（mm）	检验频率		检验方法
			范围	点数	
轴线偏位	$L > 15m$	100	每座每节	2	用经纬仪测量，两端各 1 点
	$15m ≤ L ≤ 30m$	200			
	$L > 30m$	300			
高程	$L > 15m$	+20　−100		2	用水准仪测量，两端各 1 点
	$15m ≤ L ≤ 30m$	+20　−150			
	$L > 30m$	+20　−200			
相邻两端高差		50		1	用钢尺量

注：表中 L 为箱涵沿顶进轴线的长度（m）。

（5）分节顶进的综合管廊就位后，接缝处应直顺、无渗漏。

检查数量：全数检查。

检验方法：观察。

6.13 工程案例

6.13.1 工程位置

浙江省杭州市德胜路（机场路—九环路）地下综合管廊工程II标西起杭甬高速西侧，东至九环路，全长2561.38m。地下综合管廊下穿沪杭甬高速及D2200mm三污干管段采用非开挖矩形顶管法施工。

6.13.2 顶管工程范围

本次顶管工程共两段，一段为下穿杭甬高速，另一段为下穿三污干管。下穿杭甬高速段为杭甬高速东侧2号工作井始发至杭甬高速西侧1号工作井接收，全长154.6m；下穿三污干管段为三污干管西侧3号工作井始发至三污干管东侧4号工作井接收，全长109.3m。如图6-1、图6-2所示。

6.13.3 总体施工顺序

（1）充分利用本工程特点，施工总体筹划以顶管施工为主线，以明挖基坑施工为辅助线路。详见图6-3施工总体筹划流程图及后附总进度计划网络图。

图6-1　1号、2号顶进井平面位置

图6-2 3号、4号顶进井平面位置

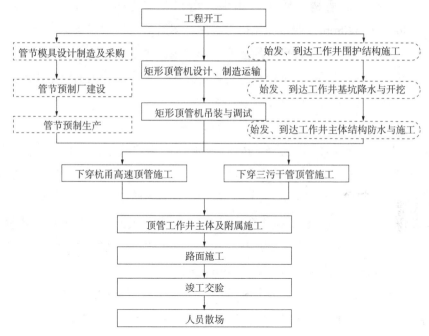

图6-3 施工总体筹划流程图及后附总进度计划网络图

（2）工作井明挖基坑总体施工方案：

始发、接收工作井基坑工程采用明挖顺作法施工。

工作井围护结构采用"三轴水泥搅拌桩槽壁加固＋地下连续墙＋坑内三轴水泥搅拌桩满堂加固＋坑外顶进洞口及后备三轴水泥搅拌桩土体加固＋坑内钢筋混凝土与钢支撑的内支撑体系＋坑内降水"的设计，支撑系统采用混凝土支撑和钢支撑相结合的支撑体系，主体工程为"外包防水＋钢筋混凝土框架现浇结构"的结构，由侧墙、梁、板、柱等构件组成。

基坑降水以"坑内独立管井疏干降水为主，以开挖面明沟集水为辅"的方式，基坑开挖以"纵向分层、水平分区、先中后边、先支后挖"的原则进行机械开挖作业，即土方开挖采用小型挖机进行作业。

主体结构按"竖向分层、水平分段、由下往上、平行顺筑"进行施工。衬砌结构采用满堂脚手架＋竹胶板的模板支架体系，结构钢筋现场加工、人工绑扎、接头采用接驳器连接、部分采用焊接、商品混凝土泵送入模、插入式振捣器振捣。

6.13.4　顶管总体施工方案

土压平衡矩形盾构顶管机采用多刀盘辐条式土压平衡顶管机，型号为CTE7520mm×5420mm。切刀和先行刀采用高耐磨的硬质碳钨合金刀具，以适应各类土体和加固体，并配备良好的泡沫和膨润土、触变泥浆注入系统。

标准管节采用工厂化标准模板进行提前预制。管廊顶管内渣土采用渣土泵输送方式，垂直运输采用一台90T+90T龙门吊。

始发到达端头地层加固采用三轴水泥搅拌桩，2号工作井洞口进洞方向纵向加固长度10m，横向加固宽度30.46m，加固深度为顶管结构5.4m+结构顶以上3m+结构底以下3m共11.4m范围；3号工作井洞口进洞方向纵向加固长度10m，横向加固宽度24m，加固深度为顶管结构5.4m+结构顶以上3m+结构底以下3m共11.4m范围；1号、4号接收井在顶管洞口进洞方向进行土体加固，纵向加固长度均为10m，横向加固宽度分别为30.46m、24m，加固深度均为顶管结构5.4m+结构顶以上3m+结构底以下3m共11.4m范围。

单个位置顶管施工由单台顶管机完成，下穿杭甬高速及三污干管段两个位置的顶管各有南北两条，当其中1条完成后，顶管机转场至始发井继续第2条推进。

6.13.5　管节供应方案

本工程顶管管节预制在施工现场建立管节预制厂进行生产，采用预制配套模具。管节混凝土为商品混凝土厂家生产的高强度、高性能抗渗混凝土，养护采用蒸汽养护和喷淋养护结合的方式。管节生产超前顶管机推进两个月左右，以储备充足的管节满足推进时的需要。预制管节采用一次整环预制的方式。

管节运输采用平板车进行运输，通过平板车将管节运输至施工现场。

第7章 现浇钢筋混凝土综合管廊施工

7.1 总体要求

混凝土浇筑前应完成下列工作：

（1）隐蔽工程验收和技术复核；

（2）对操作人员进行技术交底；

（3）根据施工方案中的技术要求，检查并确认施工现场是否具备实施条件；

（4）施工单位应填报浇筑申请单，并经监理单位签认。

浇筑前应检查混凝土送料单，核对混凝土配合比，确认混凝土强度等级，检查混凝土运输时间，测定混凝土坍落度，必要时还应测定混凝土扩展度，在确认无误后再进行混凝土浇筑，混凝土拌合物入模温度不应低于 5℃，且不应高于 35℃。

混凝土运输、输送、浇筑过程中严禁加水；混凝土运输、输送、浇筑过程中散落的混凝土严禁用于结构浇筑，并且混凝土应布料均衡，应对模板及支架进行观察和维护，发生异常情况应及时进行处理。混凝土浇筑和振捣应采取防止模板、钢筋、钢构、预埋件及其定位件移位的措施。

7.2 模板与支撑工程

模板应按图加工、制作。通用性强的模板宜制作成定型模板。模板面板背侧的木方高度应一致。制作胶合板模板时，其板面拼缝处应密封。管廊工程墙体的模板对拉螺栓中部应设止水片，止水片应与对拉螺栓环焊。

木模板制作应符合下列规定：

（1）木模可在工厂制作，木模与混凝土接触的表面应平整、光滑；

（2）木模的接缝可做成平缝、搭接缝或企口缝，当采用平缝时，应采取措施防止漏浆；

（3）木模的转角处应加嵌条或做成斜角；

（4）重复使用的模板应经常检查、维修，始终保持其表面平整、形状准确、不漏浆，有足够的强度和刚度。

钢模板制作应符合下列规定：

（1）钢模板宜采用标准化的组合模板，组合钢模板的拼装应符合现行国家标准；

（2）钢模板及其配件应按批准的加工图加工，成品经检验合格后方可使用；

（3）大块钢模板加工中，组装前应对零部件的几何尺寸进行全面检查，合格后方可进行组装，对零部件的各种连接形式的焊缝应符合外观质量标准；

（4）各种螺栓连接件应符合国家现行有关标准。

钢框胶合板覆面模板的板面组配宜采取错缝布置，支撑系统的强度和刚度应满足要求。吊环应采用 HPB300 钢筋制作，严禁使用冷加工钢筋，吊环计算拉应力不应大于 50MPa。

模板安装应符合下列规定：

（1）模板与钢筋安装工作应配合进行，妨碍绑扎钢筋的模板应待钢筋安装完毕后安设；模板不应与脚手架连接（模板与脚手架整体设计时除外），避免引起模板变形；

（2）安装模板时，应在适当位置预留清扫杂物用的窗口；在浇筑混凝土前，应将模板内部清扫干净，经检验合格后，再将窗口封闭；

（3）侧墙模板施工时，应设置确保墙体直顺和防止浇筑混凝土时模板倾覆的装置；

（4）综合管廊的整体式内模施工，木模板为竖向木纹使用时，除应在浇筑前将模板充分湿透外，并应在模板适当间隔处设置八字缝；

（5）采用穿墙螺栓来平衡混凝土浇筑对模板的侧压力时，应选用两端能拆卸的螺栓，并应符合下列规定：

1）两端能拆卸的螺栓中部宜加焊止水环，且止水环不宜采用圆形；

2）螺栓拆卸后混凝土壁面应留有 40～50mm 深的锥形槽；

3）在侧墙形成的螺栓锥形槽，应采用无收缩、易密实、具有足够强度、与侧墙混凝土颜色一致或接近的材料封堵，封堵完毕的穿墙螺栓孔不得有收缩裂缝和湿渍现象；

（6）跨度不小于 4m 的现浇钢筋混凝土梁、板，其模板应按设计要求起拱；设计无具体要求时，起拱度宜为跨度的 1/1000～3/1000；

（7）变形缝处的端面模板安装应符合下列规定：

1）变形缝止水带安装应固定牢固、线形平顺、位置准确；

2）止水带平面中心线应与变形缝中心线对正，嵌入混凝土结构端面的位置应符合设计要求；

3）止水带和模板安装中，不得损伤带面，不得在止水带上穿孔或用铁钉固定就位；

4）端面模板安装位置应正确，支撑牢固，无变形、松动、漏缝等现象；

（8）固定在模板上的预埋管、预埋件的安装必须牢固，位置准确；安装前应清除铁锈和油污，安装后应做标志。

支架安装应稳定、坚固，应能抵抗在施工过程中有可能发生的偶然冲撞和振动。支架在安装完毕后，应对其平面位置、顶部标高、节点连接及纵、横向稳定性进行全面检查，符合要求后，方可进行下一工序。

模板、支架的拆除期限应根据结构物特点、模板部位和混凝土所达到的强度等级来确定。

预留孔道内模，应在混凝土强度能保证其表面不发生塌陷和裂缝现象时，方可拔除，拔除时间应通过试验确定，以混凝土强度达到 0.4～0.8MPa 时为宜，抽拔时不应损伤结构混凝土。模板拆除与侧墙一致。如设计对拆除承重模板、支架另有规定时，应按照设计规定执行。拆除时的技术要求如下：

（1）模板拆除应按设计要求的顺序进行。设计无规定时，应遵循"先支后拆，后支先拆"的顺序；先拆不承重的模板，后拆承重部分的模板。拆除时严禁将模板从高处向下抛扔；

（2）卸落支架应按拟定的卸落程序进行，分几个循环卸完，卸落量开始宜小，以后逐渐增大；在纵向应对称均衡卸落，在横向应同时一起卸落。自上而下，支架先拆侧向支撑，后拆竖向支撑；

（3）拆除模板，卸落支架时，不允许用猛烈地敲打和强扭等方法进行；不应对顶板形成冲击荷载；

（4）模板、支架拆除后，应维修整理，分类妥善存放。

7.3　钢筋工程

钢筋连接方式应根据设计要求和施工条件选用。当钢筋采用机械锚固措施时，应符合现行国家标准《混凝土结构设计规范》GB 50010 等的有关规定。

钢筋的接头宜设置在受力较小处。同一纵向受力钢筋不宜设置 2 个或 2 个以上的接头。接头末端至钢筋弯起点的距离不应小于钢筋公称直径的 10 倍。

钢筋机械连接应符合现行行业标准《钢筋机械连接技术规程》JGJ 107 的有关规定。机械连接接头的混凝土保护层厚度宜符合现行国家标准《混凝土结构设计规范》GB 50010 中受力钢筋最小保护层厚度的规定，且不得小于 15mm；接头之间的横向净距不宜小于 25mm。焊接连接应符合现行行业标准《钢筋焊接及验收规程》JGJ 18 的有关规定。

当纵向受力钢筋采用机械连接接头或焊接接头时，设置在同一构件内的接头宜相互错开。纵向受力钢筋机械连接接头及焊接接头连接区段的长度应为 35d（d 为纵向受力钢筋的较大直径）且不应小于 500mm，凡接头中点位于该连接区段长度内的接头均应属于同一连接区段。同一连接区段内，纵向受力钢筋接头面积百分率为该区段内有接头的纵向受力钢筋截面面积与全部纵向受力钢筋截面面积的比值。

同一连接区段内，纵向受力钢筋的接头面积百分率应符合下列规定：

（1）在受拉区不宜超过 50%；

（2）接头不宜设置在有抗震要求的箍筋加密区；当无法避开时，对等强度高质量机械连接接头，不应超过 50%；

（3）直接承受动力荷载的结构构件中，不宜采用焊接接头；当采用机械连接接头时，不应超过 50%。

同一构件中相邻纵向受力钢筋的绑扎搭接接头宜相互错开。绑扎搭接接头中钢筋的横向净距不应小于钢筋直径，且不应小于 25mm。钢筋安装应采用定位件固定钢筋的位置，并宜采用专用定位件。定位件应具有足够的承载力、刚度、稳定性和耐久性。定位件的数量、间距和固定方式应能保证钢筋的位置偏差，且应符合国家现行有关标准的规定。

钢筋安装过程中，设计未允许的部位不宜焊接。如因施工操作原因需对钢筋进行焊接时，焊接质量应符合现行行业标准《钢筋焊接及验收规程》JGJ 18 的有关规定。

采用复合箍筋时，箍筋外围应封闭。当拉筋设置在复合箍筋内部不对称的一边时，沿纵向受力钢筋方向的相邻复合箍筋应交错布置。钢筋安装应采取可靠措施防止钢筋受模板、模具内表面的脱模剂污染。本指南未明确处参照现行国家标准《混凝土结构工程施工规范》GB 50666 有关规定执行。

7.4　混凝土浇筑与养护

浇筑混凝土前，应清除模板内或垫层上的杂物。表面干燥的地基、垫层、模板上应洒水湿润；现场环境温度高于 35℃时宜对金属模板进行洒水降温；洒水后不得留有积水。

混凝土浇筑应保证混凝土的均匀性和密实性。混凝土宜一次连续浇筑；当不能一次连续浇筑时，可留设施工缝或后浇带分块浇筑。

混凝土浇筑过程应分层进行，分层浇筑应符表 7-1 规定的分层振捣厚度要求，上层混凝土应在下层混凝土初凝之前浇筑完毕。

混凝土分层振捣的最大厚度　　　　　　　　　　　表 7-1

振捣方法	混凝土分层振捣最大厚度
振动棒	振动棒作用部分长度的 1.25 倍
表面振动器	200mm
附着振动器	根据设置方式，通过实验确定

混凝土运输、输送入模的过程宜连续进行，从运输到输送入模的延续时间不宜超过表 7-2 的规定，且不应超过表 7-3 的限值规定。掺早强型减水外加剂、早强剂的混凝土以及有特殊要求的混凝土，应根据设计及施工要求，通过试验确定允许时间。

运输到输送入模的延续时间（min）　　　　　　　表 7-2

条件	气温	
	≤ 25℃	> 25℃
不掺外加剂	90	60
掺外加剂	150	120

运输、输送入模及其间歇总的时间限制（min）　　表 7-3

条件	气温	
	≤ 25℃	> 25℃
不掺外加剂	180	150
掺外加剂	240	210

混凝土浇筑的布料点宜接近浇筑位置，应采取减少混凝土下料冲击的措施，并应符合下列规定：

（1）宜先浇筑竖向结构构件，后浇筑水平结构构件；

（2）浇筑区域结构平面有高差时，宜先浇筑低区部分再浇筑高区部分。施工缝或后浇带处浇筑混凝土应符合下列规定：

1）结合面应采用粗糙面；结合面应清除浮浆、疏松石子、软弱混凝土层，并应清理干净；

2）结合面处应采用洒水方法进行充分湿润，并不得有积水；

3）施工缝处已浇筑混凝土的强度不应小于 1.2MPa；

4）后浇带应在其两侧混凝土龄期达到 42d 后再施工；

5）后浇带混凝土强度等级及性能应符合设计要求；当设计无要求时，后浇带强度等级宜比两侧混凝土提高一级，并宜采用减少收缩的技术措施进行浇筑；

6）后浇带混凝土的养护时间不得少于 28d。

综合管廊混凝土浇筑应符合下列规定：

（1）可留设施工缝分仓浇筑，分仓浇筑间隔时间不应少于 7d；

（2）当留设后浇带时，后浇带封闭时间不得少于 14d；

（3）管廊基础中调节沉降的后浇带，混凝土封闭时间应通过监测确定，差异沉降应趋于稳定后再封闭后浇带；

（4）后浇带的封闭时间尚应经设计单位认可。

混凝土浇筑后应及时进行保湿养护，保湿养护可采用洒水、覆盖、喷涂养护剂等方式。选择养护方式应考虑现场条件、环境温湿度、构件特点、技术要求、施工操作等因素。

混凝土的养护时间应符合下列规定：

（1）采用硅酸盐水泥、普通硅酸盐水泥或矿渣硅酸盐水泥配制的混凝土，不应少于 7d；采用其他品种水泥时，养护时间应根据水泥性能确定；

（2）采用缓凝型外加剂、大掺量矿物掺合料配制的混凝土，不应少于 14d；

（3）抗渗混凝土、强度等级 C60 及以上的混凝土，不应少于 14d；

（4）后浇带混凝土的养护时间不应少于 14d；

（5）基础大体积混凝土养护时间应根据施工方案确定。

洒水养护应符合下列规定：

（1）洒水养护宜在混凝土裸露表面覆盖麻袋或草帘后进行，也可采用直接洒

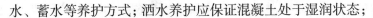

水、蓄水等养护方式；洒水养护应保证混凝土处于湿润状态；

（2）当日最低温度低于5℃时，不应采用洒水养护。

覆盖养护应符合下列规定：

（1）覆盖养护宜在混凝土裸露表面覆盖塑料薄膜、塑料薄膜加麻袋、塑料薄膜加草帘进行；

（2）塑料薄膜应紧贴混凝土裸露表面，塑料薄膜内应保持有凝结水；

（3）覆盖物应严密，覆盖物的层效应按施工方案确定。

喷涂养护剂养护应符合下列规定：

（1）应在混凝土裸露表面喷涂覆盖致密的养护剂进行养护；

（2）养护剂应均匀喷涂在结构构件表面，不得漏喷；养护剂应具有可靠的保湿效果，保湿效果可通过试验检验；

（3）养护剂使用方法应符合产品说明书的有关要求。

7.5　止水带与后浇带

止水带施工应符合下列规定：

（1）保证止水带宽度和材质的物理性能符合设计要求，且无裂缝和气泡；接头采用热接，不重叠，接缝做到平整、牢固，不出现裂口和脱胶现象。

（2）止水带中心线和变形缝中心线保持重合。

（3）防水涂料涂刷前，先在基面上涂一层与涂料相容的基层处理剂。

（4）防水涂膜分多遍完成，每遍涂刷时交替改变涂层的涂刷方向，同层涂膜的先后搭接宽度控制在30～50mm。

（5）防水涂料的涂刷程序为：先涂刷转角处、穿墙管道、变形缝等部位，后进行大面积涂刷。

7.6　防水防腐要求

防腐蚀工程所用的原材料，必须符合相关规范要求，并具有出厂合格证或检验资料。对原材料的质量有怀疑时，应进行复验。对施工配合比有要求的防腐蚀材料，其配合比应经试验确定，并不得任意改变。

水泥砂浆或混凝土基层，必须坚固、密实、平整；基层的坡度和强度应符合设计要求，不应有起砂、起壳、裂缝、蜂窝麻面等现象。平整度应用 2m 直尺检查，允许空隙不应大于 5mm。当在水泥砂浆或混凝土基层表面进行块材铺砌施工时，基层的阴阳角应做成直角；进行其他种类防腐蚀施工时，基层的阴阳角应做成斜面或圆角。

基层必须干燥。在深为 20mm 的厚度层内含水率不应大于 6%。当设计对湿度有特殊要求时，应按设计要求进行施工。

注：当使用湿固化型环氧树脂固化剂施工时，基层的含水率可不受此限制，但基层表面不得有浮水。

基层表面必须洁净。防腐蚀施工前，应将基层表面的浮灰、水泥渣及疏松部位清理干净。基层表面的处理方法，宜采用砂轮或钢丝刷等打磨表面，然后用干净的软毛刷、压缩空气或吸尘器清理干净。当有条件时，可采用轻度喷砂法，使基层形成均匀粗糙面。已被油脂、化学药品污染的表面或改建、扩建工程中已被侵蚀的疏松基层应进行表面预处理，处理方法应符合下列规定：

（1）被油脂、化学药品污染的表面，可使用溶剂、洗涤剂、碱液洗涤或用火烤、蒸汽吹洗等方法处理，但不得损坏基层；

（2）被腐蚀介质侵蚀的疏松基层，必须凿除干净，用细石混凝土等填补，养护之后按新的基层进行处理。凡穿过防腐层的管道、套管、预留孔、预埋件，均应预先埋置或留设。

7.7　质量验收

7.7.1　模板与支撑

模板的验收应符合下列规定：

1. 主控项目

（1）模板及支架用材料的技术指标应符合国家现行有关标准的规定。进场时应抽样检验模板和支架材料的外观、规格和尺寸。

检查数量：按国家现行有关标准的规定确定。

检验方法：检查质量证明文件；观察，尺量。

（2）现浇混凝土结构模板及支架的安装质量，应符合国家现行有关标准的规定和施工方案的要求。

检查数量：按国家现行有关标准的规定确定。

检验方法：按国家现行有关标准的规定执行。

（3）后浇带处的模板及支架应独立设置。

检查数量：全数检查。

检验方法：观察。

2. 一般项目

（1）模板安装应符合下列规定：

1）模板的接缝应严密；

2）模板内不应有杂物、积水或冰雪等；

3）模板与混凝土的接触面应平整、清洁；

4）用作模板的地坪、胎膜等应平整、清洁，不应有影响构件质量的下沉、裂缝、起砂或起鼓；

5）对清水混凝土及装饰混凝土构件，应使用能达到设计效果的模板。

检查数量：全数检查。

检验方法：观察。

（2）隔离剂的品种和涂刷方法应符合施工方案的要求。隔离剂不得影响结构性能及装饰施工；不得沾污钢筋、预埋件和混凝土接槎处；不得对环境造成污染。

检查数量：全数检查。

检验方法：检查质量证明文件；观察。

7.7.2　钢筋工程

钢筋工程应符合下列规定：

1. 主控项目

（1）钢筋进场时，应按国家现行相关标准的规定抽取试件作屈服强度、抗拉强度、伸长率、弯曲性能和重量偏差检验，检验结果必须符合相关标准的规定。

检查数量：按进场批次和产品的抽样检验方案确定。

检验方法：检查质量证明文件和抽样复验报告。

（2）成型钢筋进场时，应抽取试件作屈服强度、抗拉强度、伸长率和重量偏差检验，检验结果必须符合相关标准的规定。

检查数量：同一厂家、同一类型、同一原材料来源的成型钢筋，不超过 30t 为一批，每批中每种钢筋牌号、规格均应至少抽取 1 个钢筋试件，总数不应少于 3 个。

检验方法：检查质量证明文件和抽样复验报告。

（3）受力钢筋的牌号、规格、数量必须符合设计要求。

检查数量：全数检查。

检验方法：观察，尺量检查。

（4）对按一、二、三级抗震等级设计的框架和斜撑构件中的纵向受力普通钢筋应采用 HRB335E、HRB400E、HRB500E、HRBF335E、HRBF400E 或 HRBF500E 钢筋，其强度和最大力下总伸长率的实测值应符合下列规定：

1）钢筋的抗拉强度实测值与屈服强度实测值的比值不应小于 1.25；

2）钢筋的屈服强度实测值与屈服强度标准值的比值不应大于 1.30；

3）钢筋的最大力下总伸长率不应小于 9%。

检查数量：按进场的批次和产品的抽样检验方案确定。

检查方法：检查抽样复验报告。

（5）钢筋弯折的弯弧内直径应符合下列规定：

1）光圆钢筋，不应小于钢筋直径的 2.5 倍；

2）335MPa 级、400MPa 级带肋钢筋，不应小于钢筋直径的 4 倍；

3）500MPa 级带肋钢筋，当直径为 28mm 以下时不应小于钢筋直径的 6 倍，当直径为 28mm 及以上时不应小于钢筋直径的 7 倍；

4）箍筋弯折处尚不应小于纵向受力钢筋直径。

检查数量：按每工作班同一类型钢筋、同一加工设备抽查不应少于 3 件。

检验方法：尺量检查。

（6）纵向受力钢筋的弯折后平直段长度应符合设计要求。光圆钢筋末端做 180° 弯钩时，弯钩的平直段长度不应小于钢筋直径的 3 倍。

检查数量：同一设备加工的同一类型钢筋，每工作班抽查不应少于 3 件。

检验方法：尺量检查。

（7）箍筋、拉筋的末端应按设计要求作弯钩，并应符合下列规定：

1）对一般结构构件，箍筋弯钩的弯折角度不应小于 90°，弯折后平直段长度不应小于箍筋直径的 5 倍；对有抗震设防要求或设计有专门要求的结构构件，箍筋弯钩的弯折角度不应小于 135°，弯折后平直段长度不应小于箍筋直径的 10 倍；

2）圆形箍筋的搭接长度不应小于其受拉锚固长度，且两末端均应作不小于 135° 的弯钩，弯折后平直段长度对一般结构构件不应小于箍筋直径的 5 倍，对有抗震设防要求的结构构件不应小于箍筋直径的 10 倍；

3）拉筋用作复合箍筋中单肢箍筋或腰筋间拉结筋时，两端弯钩的弯折角度均不应小于 135°，弯折后平直段长度应符合 1）条对箍筋的有关规定。

检查数量：按每工作班同一类型钢筋、同一加工设备抽查不应少于 3 件。

检验方法：尺量检查。

（8）钢筋的连接方式应符合设计要求。

检查数量：全数检查。

检验方法：观察检查。

（9）钢筋采用机械连接或焊接连接时，钢筋机械连接接头、焊接接头的力学性能、弯曲性能应符合国家现行有关标准的规定。接头试件应从工程实体中截取。

检查数量：按现行行业标准《钢筋机械连接技术规程》JGJ 107 和《钢筋焊接及验收规程》JGJ 18 的规定确定。

检验方法：检查质量证明文件和抽样检验报告。

（10）钢筋采用机械连接时，螺纹接头应检验拧紧扭矩值，挤压接头应量测压痕直径，检验结果应符合现行行业标准《钢筋机械连接技术规程》JGJ 107 的相关规定。

检查数量：按现行行业标准《钢筋机械连接技术规程》JGJ 107 的规定确定。

检验方法：采用专用扭力扳手或专用量规检查。

（11）钢筋应安装牢固。受力钢筋的安装位置、锚固方式应符合设计要求。

检查数量：全数检查。

检验方法：观察，尺量检查。

2．一般项目

（1）钢筋应平直、无损伤，表面不得有裂纹、油污、颗粒状或片状老锈。

检查数量：全数检查。

检验方法：观察检查。

（2）成型钢筋的外观质量和尺寸偏差应符合国家现行有关标准的规定。

检查数量：同一厂家、同一类型的成型钢筋，不超过 30t 为一批，每批随机抽取 3 个成型钢筋。

检验方法：观察，尺量检查。

（3）钢筋机械连接套筒、钢筋锚固板以及预埋件等的外观质量应符合国家现行有关标准的规定。

检查数量：按国家现行有关标准的规定确定。

检验方法：检查产品质量证明文件；观察，尺量检查。

（4）钢筋加工的形状、尺寸应符合设计要求，其偏差应符合表 7-4 的规定。

检查数量：按每工作班同一类型钢筋、同一加工设备抽查不应少于 3 件。

检验方法：尺量检查。

钢筋加工允许偏差 表 7-4

项 目	允许偏差（mm）
受力钢筋沿长度放心的净尺寸	±10
弯起钢筋的弯折位置	±20
箍筋外轮廓	±5

（5）钢筋接头的位置应符合设计和施工方案要求。有抗震设防要求的结构中，箍筋加密区范围内钢筋不应进行搭接。

检查数量：全数检查。

检验方法：观察检查。

（6）钢筋机械连接接头、焊接接头的外观质量应符合现行行业标准《钢筋机械连接技术规程》JGJ 107 和《钢筋焊接及验收规程》JGJ 18 的规定。

检查数量：按现行行业标准《钢筋机械连接技术规程》JGJ 107 和《钢筋焊接及验收规程》JGJ 18 的规定确定。

检查方法：观察，尺量检查。

（7）当纵向受力钢筋采用机械连接接头、焊接接头或搭接接头时，同一连接区段内纵向受力钢筋的接头面积百分率应符合设计要求；当然设计无具体要求时，应符合下列规定：

1）受拉接头，不宜大于 50%；受压接头，可不受限制；

2）直接承受动力荷载的结构构件中，不宜采用焊接；当采用机械连接时，不应超过 50%。

检查数量：在同一检查批内，对梁、柱和独立基础，应抽查构件数量的 10%，且不少于 3 件；对大空间结构，墙可按相邻轴线间高度 5m 左右划分检查面，板可按纵横轴线划分检查面，抽查 10%，且均不应少于 3 面。

检验方法：观察，尺量检查。

（8）钢筋安装位置的偏差应符合表 7-5 的规定，受力钢筋保护层厚度的合格

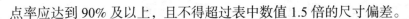

点率应达到 90% 及以上，且不得超过表中数值 1.5 倍的尺寸偏差。

检查数量：在同一检验批内，对梁、柱和独立基础，应抽查构件数量的 10%，且不少于 3 件；对大空间结构，墙可按相邻轴线间高度 5m 左右划分检查面，板可按纵、横轴线划分检查面，抽查 10%，且均不少于 3 面。

钢筋安装允许偏差和检验方法			表 7-5
项目		允许偏差（mm）	检验方法
绑扎钢筋网	长、宽	±10	尺量
	网眼尺寸	±20	尺量连续三挡，取最大偏差值
绑扎钢筋骨架	长	±10	尺量
	宽、高	±5	尺量
纵向受力钢筋	锚固长度	−20	尺量
	间距	±10	尺量两端、中间各一点，取最大偏差值
	排距	±5	
纵向受力钢筋、箍筋的混凝土保护层厚度	基础	±10	尺量
	柱、梁	±5	尺量
	板、墙、壳	±3	尺量
绑扎箍筋、横向钢筋间距		±20	尺量连续三挡，去最大偏差值
钢筋弯起点位置		20	尺量
预埋件	中心线位置	5	尺量
	水平高差	+3，0	塞尺量测

注：检查中心线位置时，沿纵、横两个方向量测，并取其中偏差的较大值。

7.7.3　现浇混凝土

现浇混凝土应符合下列规定：

1. 主控项目

（1）现浇结构的外观质量不应有严重缺陷。对已经出现的严重缺陷，应由施工单位提出技术处理方案，并经监理单位认可后进行处理；对裂缝或连接部位的严重缺陷及其他影响结构安全的严重缺陷，技术处理方案尚应经设计单位认可。对经处理的部位应重新验收。

检查数量：全数检查。

检验方法：观察，检查处理记录。

（2）现浇结构不应有影响结构性能或使用功能的尺寸偏差；混凝土设备基础不应有影响结构性能或设备安装的尺寸偏差。对超过尺寸允许偏差且影响结构性能或安装、使用功能的部位，应由施工单位提出技术处理方案，并经监理、设计单位认可后进行处理。对经处理的部位应重新验收。

检查数量：全数检查。

检验方法：量测；检查处理记录。

2. 一般项目

（1）现浇结构的外观质量不应有一般缺陷。对已经出现一般缺陷，应由施工单位按技术处理方案进行处理。对经处理的部位应重新验收。

检查数量：全数检查。

检验方法：观察，检查处理记录。

（2）现浇结构的位置和尺寸偏差及检验方法应符合现行行业标准《混凝土结构工程施工质量验收规范》GB 50204 表 7.3.2 的规定。

7.7.4 施工缝、变形缝、后浇带

1. 主控项目

（1）施工缝、变形缝、后浇带的形式、位置、尺寸、所使用的原材料应符合设计要求。

检验数量：施工单位、监理单位全数检查。

检验方法：检查产品合格证、试验报告和观察。

（2）后浇带的留置位置应在混凝土浇筑前按设计要求和施工技术方案确定，后浇带混凝土浇筑应按施工技术方案执行。

检验数量：施工单位、监理单位全数检查。

检验方法：观察，检查施工记录。

（3）施工缝、变形缝、后浇带的防水构造应符合设计要求。

检验数量：施工单位、监理单位全数检查。

检验方法：观察，检查隐蔽工程验收记录。

（4）后浇带用遇水膨胀止水条或止水胶、预埋注浆管、外贴式止水带必须符合设计要求。

检验方法：检查产品合格证、产品性能检测报告和材料进场检验报告。

（5）补偿收缩混凝土的原材料及配合比必须符合设计要求。

检验方法：检查产品合格证、产品性能检测报告、计量措施和材料进场检验报告。

（6）后浇带防水构造必须符合设计要求。

检验方法：观察检查和检查隐蔽工程验收记录。

（7）采用掺膨胀剂的补偿收缩混凝土，其抗压强度、抗渗性能和限制膨胀率必须符合设计要求。

检验方法：检查混凝土抗压强度、抗渗性能和水中养护 14d 后的限制膨胀率检测报告。

2. 一般项目

（1）变形缝填塞前，缝内应清扫干净，保持干燥，不得有杂物和积水。

检验数量：施工单位、监理单位全数检查。

检验方法：观察检查。

（2）施工缝、变形缝的表面质量应达到缝宽均匀，变形缝应符合缝身竖直、环向贯通，填塞密实，表面光洁。

检验数量：施工单位、监理单位全数检查。

检验方法：观察检查。

（3）后浇带的接头钢筋的连接应符合设计和施工规范的要求。

检验数量：施工单位、监理单位全数检查。

检验方法：观察检查。

（4）后浇带的混凝土浇筑前，后浇带内应清扫干净，保持干燥，不得有杂物和积水。

检验数量：施工单位、监理单位全数检查。

检验方法：观察检查。

第 8 章　预制拼装综合管廊施工

8.1　总体要求

预制装配整体式混凝土综合管廊土建工程设计应采用以概率理论为基础的极限设计状态方法，应以可靠指标度量结构构件的可靠度。除验算整体稳定外，均应采用含分项系数的设计表达式进行设计，应对承载能力极限状态和正常使用极限状态进行计算。

预制装配整体式混凝土综合管廊的结构设计使用年限应为 100 年，应根据设计使用年限和环境类别进行耐久性设计，并应符合现行国家标准《混凝土结构耐久性设计规范》GB/T 50476 的有关规定。

预制装配整体式混凝土综合管廊工程应按乙类建筑物进行抗震设计，并满足现行国家标准《建筑工程抗震设防分类标准》GB 50223 的有关规定。预制装配整体式混凝土综合管廊的结构安全等级应为一级，结构中各类构件的安全等级宜与整个结构的安全等级相同。预制装配整体式混凝土综合管廊结构构件的裂缝控制等级为三级，结构构件的最大裂缝宽度限值不应大于 0.2mm，且不得贯通。应进行防水设计，防水等级标准应为二级。预制装配整体式混凝土综合管廊的变形缝、施工缝和预制构件接缝等部位外露金属件应按不同环境类别进行封闭或防腐、防锈、防火处理，并应符合现行国家标准《混凝土结构耐久性设计规范》GB/T 50476 的有关规定。对埋设在设计抗浮水位以下的预制装配整体式混凝土综合管廊，应根据设计条件计算结构的抗浮稳定。设计时不应计入管廊内部管线和设备的自重，其他各项作用应取标准值，并应满足抗浮稳定性抗力系数不低于 1.05。

如预制装配整体式混凝土综合管廊基坑回填时无法两侧同时进行，设计时应考虑单侧土压力引起的结构整体稳定（倾覆、滑移）问题。预制构件的连接部位宜设置在结构受力较小的部位，具体连接做法应符合现行行业标准《装配式混凝土结构技术规程》JGJ 1 的规定。

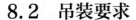

8.2　吊装要求

8.2.1　总体要求

（1）土法施工用的滚动法装卸移动设备，滚杠的粗细要一致，应比托排宽度长 50cm，严禁戴手套填滚杠。装卸车时混边的坡度不得大于 20°，滚道的搭设要平整、坚实，接头错开，滚动的速度不宜太快，必要时要用溜绳。

（2）在安装过程中，如发现问题应及时采取措施，处理后再继续起吊。

（3）用扒杆吊装大型塔类设备时，多台卷扬机联合操作，必须要求各卷扬机的卷扬速度大致相同，要保证塔体上各吊点受力大致趋于均匀，避免塔体受力不匀而变形。

（4）采用回转法或扳倒法吊装塔罐时，塔体底部安装的铰腕必须具有抵抗起吊过程中所产生水平推力的能力，起吊过程中塔体的左右溜绳必须牢靠，塔体回转就位高度时，使其慢慢落入基础，避免发生意外和变形。

（5）在架体上或建筑物上安装设备时，其强度和稳定性要达到安装条件的要求。在设备安装定位后要按图纸的要求连接紧固或焊接，满足了设计要求的强度和具有稳固性后，才能脱钩，否则要进行临时固定。

8.2.2　吊装前作业的要求

（1）检查各安全保护装置和指示仪表应齐全。

（2）燃油、润滑油、液压油及冷却水应添加充足。

（3）开动油泵前，先使发动机低速运转一段时间。

（4）检查钢丝绳及连接部位应符合规定。

（5）检查液压是否正常。

（6）检查轮胎气压及各连接件应无松动。

（7）调节支腿，调整机体使回转支承面的倾斜度，在无载荷时不大于 1/1000（水准泡居中）。

（8）充分检查工作地点的地面条件。工作地点地面必须具备能将吊车呈水平状态，并能充分承受作用于支腿的力矩条件。

（9）注意地基是否松软，如较松软，必须给支腿垫好能承载的木板或土块。

（10）应预先调查地下埋设物，在埋设物附近放置安全标牌，以引起注意。

（11）确认所吊重物的重量和重心位置，以防超载。

（12）根据起重作业曲线，确定工作台半径和额定总起重量，即调整臂杆长度和臂杆的角度，使之安全作业。

（13）应确认提升高度。根据吊车的机型，能把吊钩提升的高度都有具体规定。

（14）应预先估计绑绳套用钢丝绳的高度和起吊货物的高度所需的余量，否则不能把货物提升到所需的高度。

8.2.3 吊装安全要求

1. 起升或下降

（1）严格按载荷表的规定，禁止超载，禁止超过额定力矩。

在吊车作业中绝不能断开全自动超重防止装置（ACS 系统），禁止从臂杆前方或侧面拖曳载荷，禁止从驾驶室前方吊货。

（2）操纵中不准猛力推拉操纵杆，开始起升前，检查离合器杆必须处于断开位置上。

（3）自由降落作业只能在下降吊钩时或所吊载荷小于许用荷载的30%时使用，禁止在自由下落中紧急制动。

（4）当起吊载荷要悬挂停留校长时间时，应该锁住卷筒鼓轮。但在下降货物时禁止锁住鼓轮。

（5）在起重作业时要注意鸣号警告。

（6）在起重作业范围内除信号员外其他人不得进入。

（7）在起重作业时，要避免触电事故，臂杆顶部与线路中心的安全距离为：① 6.6kV 为 3m；② 66kV 为 5m；③ 275kV 为 10m。

（8）若两台吊车共同起吊一货物时，必须有专人统一指挥，两台吊车性能、速度应相同，各自分担的载荷值，应小于一台吊车的额定总起重量的80%；其重物的重量不得超过两机起重总和的75%。

2. 回转

（1）回转作业时，不要紧急停转，以防吊物剧烈摆动发生危险。

（2）回转中司机要注意机上是否有人或后边有无障碍危险。

（3）不回转时将回转制动锁住。

3. 起重臂伸缩臂杆

（1）不得带载伸臂杆。

（2）伸缩臂杆时，应保持吊臂前滑轮组与吊钩之间有一定距离。起重外臂外伸时，吊钩应尽量低。

（3）主副臂杆全部伸出，臂角不得小于使用说明书规定的最小角度，否则整机将倾覆。

4. 带载行走

轮胎式吊车需带载行走时，道路必须平坦坚实，载荷必须符合原厂规定。重物离地高度不得超过 50cm，并拴好拉绳，缓慢行驶，严禁长距离带载行驶。

5. 起吊作业停止后注意事项

（1）完全缩回起重臂，并放在支架上，将吊钩按规定固定好，制动回转台。

（2）应按规定顺序收回支腿并固定好。

（3）将吊车开回停车场位置上。

8.2.4　吊装人员安全要求

（1）进入工地的工作人员必须佩戴安全帽。

（2）吊车进入吊装状态吊臂下不准工作人员停留。

（3）立柱吊装完毕，操作员未完全紧闭地脚螺栓螺母时立柱不得与吊车脱离。

（4）工作人员在攀登高空，实施高空作业时必须佩戴安全带同时使用安全绳，以防产生意外。

（5）构件安装安全措施：

1）严格检查吊车吊装构件。

2）严格检查立柱吊点构件。

3）严格检查牌面钢结构吊点构件，对有问题的吊点构件进行加固确保吊点不留在安全隐患处。

（6）构件吊装工作人员安全措施：

牌面吊装、吊点定在大梁端及牌面夹角，使吊车在起吊时牌面尽可能处于平衡状态，牌面吊离地面升高到立柱上端后旋转牌面使牌面支撑立柱与立柱上端垂直落吊对位，此时需操作员辅助执行操作，员工 1～3 人佩戴保险带攀登至立柱对位连接点先扣紧固定保险带与牌面大梁，随后使用撬棍顺力对位，对位准确指挥及时落吊，平稳落吊到位，高空焊接人员开始焊接。高空焊接人员在作业时随身佩带保险绳，保险带必须与牌面钢结构构件连接牢固，连接点焊接牢固允许吊车撤离：

1）明确各级施工人员安全生产责任，各级施工管理人员要确定自己的安全责任目标，实行项目经理责任制。实行安全一票否决制。

2）起吊工具应牢固可靠，选用质量合格的工具。做好试吊工作，经确认无问题后方准吊装。进入工地必须戴安全帽，高处作业必须系安全带。

3）吊装散状物品，必须捆绑牢固，并保持平衡，方可起吊。

4）非机电人员严禁动用机电设备。

5）坚持安全消防检查制度，发现隐患，及时消除，防止工伤、火灾事故发生。

8.3 标准件安装连接

本书仅对叠合装配式综合管廊的施工进行叙述，其余内容可参考本系列丛书中《装配式综合管廊工程应用指南》。

8.3.1 施工准备

应编制适合该体系的施工方案，安装工程应与水、电等工程密切配合，组织立体交叉施工。安装前的准备工作应符合下列要求：

（1）检查部品型号、数量及部品的质量；

（2）按设计要求检查连接钢筋，其位置偏移量不得大于 ±10mm。并将所有连接钢筋等调整扶直，消除表面浮浆；

（3）叠合式侧壁及叠合式顶板的预制构件安装表面应清理干净。

8.3.2 施工安装

预制管廊构件吊装时的混凝土强度，当设计无具体要求时，不得低于同条件养护的混凝土设计强度等级值的 75%。

安装工程的抄平放线应符合下列要求：

（1）预制管廊构件安装放线遵循先整体后局部的程序。

（2）定位放线，使用全站仪（经纬仪）利用建（构）筑物的外角基准点放出建（构）筑物轴线。待轴线复核无误后，作为基准线。

（3）在垫层上应用水准仪通过高程控制点放出高程控制线。

（4）在底板上放出预制管廊构件安装控制线及轮廓线。

（5）通过高程控制线控制支撑顶标高，从而控制预制顶板标高。

预制管廊构件的安装应符合下列要求：

（1）叠合式侧壁预制构件安装前就位处必须设找平垫块；

（2）叠合式侧壁纵筋的搭接长度应满足设计要求；

（3）叠合式顶板预制构件安装前，叠合式顶板预制构件定位后严禁撬动，调整标高时，用支撑调节器进行调整；

（4）预制管廊构件吊装时，起吊就位应垂直平稳，吊索与水平线的夹角不宜小于 60°，下落时缓慢就位。

后浇带部分及叠合部分的混凝土浇筑应符合下列要求：

（1）混凝土浇筑前，基层表面必须清理干净，后浇带内的空腔应用大功率吸尘器进行清理，在混凝土浇筑之前基层及后浇带内必须用水充分湿润；

（2）现浇混凝土部分的钢筋锚固及钢筋连接应满足设计要求；

（3）后浇带部分及叠合部分的混凝土模板应采用工具式的组合钢模板。

叠合式侧壁支撑的设置应符合下列要求：

（1）斜支撑件型号和支撑间距需由计算确定，但每块叠合式侧壁的支撑不得少于两个；

（2）斜支撑点与叠合式侧壁连接位置设置于墙体高度 2/3 处；

（3）斜支撑与水平线夹角宜在 55°～65° 之间。

叠合式顶板预制构件支撑的设计应符合下列要求：

（1）安装叠合式顶板预制构件前，须架设支撑于具有承载能力的底板上；

（2）最大支撑柱距应根据计算给出的安装支撑柱间距进行布置，每块叠合式顶板预制构件的支撑不得少于 4 个。

在常温下后浇部分混凝土浇筑 12h 后，应浇水湿润养护 3d。并对后浇部分的混凝土有保水养护措施。

叠合式侧壁的施工工艺流程如下：抄平放线→按墙下标高找平控制垫块→安装叠合式侧壁预制构件→安装斜撑→通过斜撑校核墙体轴线及垂直度→墙体后浇带钢筋绑扎→墙体后浇带支模→墙底用混凝土封堵→浇筑混凝土。

依据图纸在底板顶部放出每块叠合式侧壁的具体位置线，并进行有效的复核。检查底板竖向钢筋预留位置应符合标准，其位置偏移量不得大于 ±10mm。如有偏差需按 1：6 要求先进行冷弯校正，应比两片墙板中间净空尺寸小 20mm 为宜，并调正扶直，清除浮浆。叠合式侧壁下部预留安装缝，安装缝宽度不小于 20mm，采用专用垫块控制安装缝宽度。叠合式侧壁吊装就位：

（1）对车上插放式及靠放式的叠合式侧壁预制构件可以进行起吊。

（2）平放式叠合式侧壁预制构件直接在车上进行起吊时，要注意墙板上角和下角的保护。

（3）应按照安装图纸和事先制定好的安装顺序进行吊装，原则上宜从离吊车或者塔吊最远的叠合式侧壁预制构件开始：吊装叠合式侧壁预制构件时，采用两点起吊，就位应垂直平稳，吊具绳与水平面夹角不宜小于60°，吊钩应采用弹簧防开钩；起吊时，应通过采用缓冲块（橡胶垫）来保护叠合式侧壁预制构件下边缘角部不至于损伤；起吊后要小心缓慢地将墙板放置于垫片之上，调整水平度和垂直度。

安装固定叠合式侧壁斜支撑施工应符合下列要求：

（1）每块叠合式侧壁不少于两个斜支撑来固定，斜撑上部通过专用螺栓与叠合式侧壁预制构件上部2/3高度处预埋的连接件连接，斜支撑底部与底板用膨胀螺栓进行锚固；支撑与底板的夹角在40°～50°之间。

（2）安装过程中，必须在确保两个斜支撑安装牢固后方可解除叠合式侧壁预制构件上的吊车吊钩。叠合式侧壁预制构件上部支撑起到固定的作用，底部支撑起到调整垂直度的作用，两根斜支撑的长短通过支撑上的调节器来调整，每块叠合式侧壁预制构件都按此程序进行安装。

叠合式侧壁安装就位后，进行配套管线连接或敷设，完成后进行叠合式侧壁拼缝处连接钢筋安装。连接钢筋先安放在先安装的叠合式侧壁中，待相邻叠合式侧壁安装就位后调整连接钢筋位置并绑扎，安装施工完毕后，要有专业质检人员对叠合式侧壁各部位施工质量进行全面检查，符合本标准要求后，方可进行下道工序施工。

叠合式侧壁浇筑混凝土施工应符合下列要求：

（1）混凝土浇筑前，叠合式侧壁构件内部空腔必须清理干净，在混凝土浇筑之前叠合式侧壁预制构件内表面必须用水充分湿润。

（2）混凝土强度等级应符合设计要求，当墙体厚度小于250mm时墙体内现浇混凝土宜采用细石自密实混凝土施工，同时宜掺入膨胀剂。浇筑时，保持水平向上分层连续浇筑，浇筑高度不宜超过800mm，浇筑速度每小时不宜超过800mm，否则需重新验算模板压力及格构钢筋之间的距离，确保墙板的刚度。

（3）当墙体厚度小于250mm时，混凝土振捣应选用 ϕ 30mm 以下微型振捣棒。

叠合式顶板的施工工艺流程如下：按线支设叠合式顶板下钢支撑→叠合式顶板安装→安放、绑扎叠合式顶板上层钢筋→预埋线管连接→支设叠合式顶板腋角模板→浇筑叠合式顶板现浇层混凝土。叠合式顶板的预制构件应采用工具式吊架进行吊装。

叠合式顶板预制构件的安装应符合下列要求：

（1）叠合式顶板预制构件安装前，应在板底设置支撑，预制构件就位后严禁撬动，用支撑上的调节器调整预制顶板标高。

（2）吊装叠合式顶板预制构件时，起吊就位应垂直平稳。

叠合式顶板的附加钢筋工程及配套管线敷设：

（1）叠合式顶板上层配筋必须严格根据已有的施工图进行布筋，格构钢筋可作支撑上层布筋之用。

（2）叠合式顶板中敷设管线，正穿时可采用刚性管线，斜穿时由于格构钢筋的影响，宜采用柔韧性较好的材料。由于格构钢筋间距有限，应尽量避免多根管线集束预埋，尽量采用直径较小的管线，分散穿孔预埋。

叠合式顶板浇筑混凝土前须检查下列项目：

（1）叠合式顶板必须按规定设置支撑并按图纸正确放置。

（2）附加配筋和管线应布设安装到位。

混凝土浇筑前，叠合式顶板表面的污物应清除，在混凝土浇筑之前叠合式顶板预制构件的表面必须用水充分湿润。在常温下叠合式顶板混凝土浇灌 12h 内对混凝土加以覆盖层并保湿养护，或选用涂膜保水剂。对接缝必须用相应的专业填料密闭，叠合式顶板构件的下表面应平整光滑。叠合式顶板预制构件安装后，应进行隐蔽工程的验收（包括焊接质量及锚筋的尺寸、规格、数量、位置以及各种管线、盒等装置的检查，构件表面污物的清理等）并做好验收记录。叠合式顶板中现浇混凝土强度等级必须符合设计要求。用于检查结构构件中混凝土强度的试件，应在混凝土浇筑地点随机抽取，取样与试件留置应符合现行国家标准《混凝土结构工程施工质量验收规范》GB 50204 的规定。现浇混凝土达到设计强度75% 以上后，方可拆除支撑。

8.4　质量验收

8.4.1　一般要求

施工单位应具备相应的资质条件的施工质量管理和质量保证体系。质量验收应按断面类型、结构缝或施工段划分检验批。在同一检验批内，应抽查部品数量的 10%；且不应少于 3 件。进入现场的部品，其强度等级、外观质量、尺寸偏差及结构性能应符合设计要求或现行国家标准的有关规定。

当室外日平均气温低于 ±5℃时，如需进行部品的安装施工，应符合现行国家标准《建筑工程冬期施工规程》JGJ/T 104 的有关规定。其他未尽事宜均应符合各相关专业的验收规范。

8.4.2 构件制作中验收

材料进场首先检查材料合格证，并对材料进行二次复试检验。预制管廊构件加工过程中实行监理旁站监督。预制管廊构件出厂前质量验收应满足如下要求：

（1）预制管廊构件观感质量检验应满足要求。

（2）预制管廊构件尺寸及其误差应满足要求。

（3）预制管廊构件间结合构造应满足要求。

（4）吊装、安装预埋件的位置应准确。

（5）叠合式顶板叠合面处理应符合要求。

8.4.3 质量验收

预制装配式综合管廊验收应符合下列要求：

1. 主控项目

（1）预制管廊构件外观、性能应满足设计要求。

检查数量：全数检查。

检验方法，查看构件出厂合格证、附构件出厂混凝土同条件抗压强度报告。

（2）预制管廊构件进场检查构件标识应准确、齐全。

1）型号标识：类别、混凝土强度等级、尺寸。

2）安装标识：构件位置。

3）成品保护措施应满足要求。

检查数量：全数检查。

检验方法：观察、尺量检查。

（3）预制管廊构件质量验收应满足如下要求：

1）预制管廊构件观感质量检验应满足要求。

2）预制管廊构件尺寸及其误差应满足要求。

3）预制管廊构件间结合构造应满足要求。

4）吊装、安装预埋件的位置应准确。

检查数量：全数检查。

检验方法：观察、尺量；查看质量检测报告。

（4）叠合面处理应符合要求。

检查数量：全数检查。

检验方法：观察、尺量；查看质量检测报告。

2. 一般项目

（1）预制构件的尺寸偏差及检验方法应符合表 8-1 的规定；设计有专门规定时，尚应符合设计要求。

检查数量：同一类型的构件，不超过 100 件为一批，每批应抽查构件数量的 5%，且不应少于 3 件。

预制构件尺寸的允许偏差　　　　　　　　　　　　表 8-1

检查项目		允许偏差（mm）	检查数量		检验方法
			范围	数量	
长度	板	+10，5	每构件	2	尺量
	墙	±5			
宽度、高度		±5			钢尺量一端及中部，取较大值
侧向弯曲	板	$L/750$ 且 ≤ 20			拉线、钢尺量最大侧向弯曲处
	墙	$L/1000$ 且 ≤ 20			
表面平整度		5			2m 靠尺和塞尺量
对角线	楼板	10	每构件	2	尺量两个对角线
	墙板	5			
预留孔	中心线位置	5			尺量
	孔尺寸	±5			
预留洞	中心线位置	10			尺量
	洞口尺寸、深度	±10			
预埋件	预埋板中心线位置	5	每处	1	尺量
	预埋板与混凝土面平面高差	0，5			
	预埋螺栓	2			
	预埋螺栓外露长度	+10，−5			
	预埋套筒、螺母中心线位置	2			
	预埋套筒、螺母与混凝土面平面高差	±5			

检查项目		允许偏差（mm）	检查数量		检验方法
			范围	数量	
预留插筋	中心线位置	5	每处	1	尺量
	外露长度	+10，−5			
键槽	中心线位置	5			尺量
	长度、宽度	±5			
	深度	±10			

注：1. L 为构件长度（mm）；

2. 检查中心线、螺栓位置时，应沿纵、横两个方向量测，并取其中的较大值；

3. 对形状复杂或有特殊要求的构件，其尺寸偏差应符合标准图或设计的要求。

（2）预制管廊构件尺寸的允许偏差和检验方法应符合表 8-2 的规定。

构件尺寸的允许偏差和检验方法　　　　　　　表 8-2

项目		允许偏差（mm）	检验方法
长度	叠合式顶板、叠合式侧壁	±5	钢尺检查
宽度	叠合式顶板、叠合式侧壁	±8	钢尺量一端及中部，去其中较大值
高（厚）	叠合式顶板	+3，−5	钢尺量一端及中部，去其中较大值
	叠合式侧壁	0，−8	
侧向玩去	叠合式顶板	$L/1000$ 且 ≤ 20	拉线、钢尺量最大侧向弯曲处
	叠合式侧壁	$L/1500$ 且 ≤ 20	
对角线差	叠合式顶板	6	钢尺量两个对角线
	叠合式侧壁	8	
表面平整度	叠合式顶板	6	2m 靠尺和塞尺量测

注：1. L 为构件长度（mm）。

2. 对形状复杂或有特殊要求的构件，其尺寸偏差应符合设计要求。

（3）预制管廊构件安装允许偏差和检验方法应符合表 8-3 的规定。

构件安装允许偏差和检验方法　　　　　　　表 8-3

项目		允许偏差（mm）	检验方法
叠合式侧壁	中心线对定位轴线的位置	5	钢尺量测
	垂直度	5	经纬仪或吊线、钢尺检查
	全局垂直度	40	
	墙板拼缝高度	±10	钢尺检查

续表

项目		允许偏差（mm）	检验方法
叠合式顶板	平整度	10	2m 靠尺和塞尺量测
	标高	±10	水准仪或拉线、钢尺检查

（4）预留连接钢筋和预埋管的允许偏差和检验方法应符合表 8-4 的规定。

预留连接钢筋和预埋管的允许偏差和检验方法　　　　表 8-4

项目		允许偏差（mm）	检验方法
预留连接孔中心线位置	外露长度	+5	钢尺量测
	中心线位置	3	钢尺量测
	预留连接孔长度	+10	钢尺量测
预埋管（强弱电智能等管线）	中心线位置	5	钢尺量测
预埋吊件	中心线位置	±15	钢尺量测
	外露长度	+15，0	钢尺量测
预留孔洞	中心线位置	10	钢尺量测
	尺寸	+10	钢尺量测

8.5　工程实例

上海某地综合管廊选用两种施工工法——现浇和预制装配化施工。整体式现浇段总长 6.2km，预制混凝土管廊总长 200m，施工工期与施工费用以一个标准段 25m 长度作为标准施工段工期与成本的分析。详见表 8-5。

不同施工方法工期与成本分析　　　　表 8-5

项目	预制装配工法	现浇工法	节超
工期	22 天 /25m[①]	40 天 /25m	−18 天
基坑开挖及支护成本	4.5 万元 /25m	7.0 万元 /25m	−2.5 万元 /25m
主体结构成本	25 万元 /25m	23.9 万元 /25m	+1.1 万元 /25m
环保	在现场为干作业，施工机械作业噪声低、基本不造成环境污染，施工现场文明、有序而整洁，具有良好的节能环保效益	大量湿作业，混凝土浇筑与振捣工序噪声污染严重，对周围环境影响较大	

注：① 以一个标准段 25m 长度作为标准。

8.5.1 管节预制

管节预制一般情况下，委托在专业预制厂家制作，采用大型定制钢模板进行预制浇筑，然后运输到现场进行拼装。

1. 管节预制主要生产工艺

管节预制的主要生产工艺包括四大关键部分：钢筋绑扎、模板安装、混凝土浇筑及管节养护。其中，前三个工艺均在预制车间内完成。

预制车间主要有三个区域：钢筋绑扎区、钢筋移动区域和浇筑区域，钢筋加工区域可设置于钢筋绑扎区两侧，也可根据场地需要另行配套布置。

钢筋绑扎：钢筋在流水线上进行绑扎制作，每条流水线上钢筋绑扎可以设置若干台座，分别绑扎管节不同部位，绑扎好的钢筋笼则与底模一起整体移动，在各个台座进行不同部位的钢筋绑扎。一节段钢筋笼全部绑扎完成后，连同底模一起向右移动至浇筑台座进行浇筑施工，使钢筋绑扎台座与浇筑台座形成一个不间断生产的流水线，大幅提高管节钢筋绑扎效率。

钢筋加工区可设置于每条生产线钢筋绑扎台座的一侧，也可根据场地需要设置于绑扎区域后端，钢筋在此区域完成卸车、裁切、焊接及弯曲成形等加工，甚至绑扎成钢筋网片后，搬运至钢筋台座处进行绑扎。

2. 钢模板加工与安装

（1）钢模板加工。管节预制所用模板应为专业工厂订制加工，保证高精度，具有足够的刚度和强度，并在模板面进行打磨以保证模板的光洁度。内模可设计成自动伸缩，拆模起吊时，以便从浇筑好的管节中不接触混凝土拆出，对混凝土管节不会造成损伤。外模可设计为带操作平台的两个部分，采用扣接相连，装拆方便。

（2）钢模板安装。钢筋笼吊装完成以后，开始安装内外模，模板组装时严格遵守以下几点要求：

1）组装时严防模具受到碰撞变形。

2）底模的放置地面要求平整，内外模与底模合缝之间密闭性好，各部分之间连接紧，固件牢固可靠。

3）管模内壁及底模必须涂上隔离剂，宜选用不粘结、不污染管壁、成模性好、易涂刷与管模附着力强的隔离剂，涂刷须均匀无漏涂，不出现隔离剂流淌的现象。

4）管模内壁清理干净，不得有残存的水泥浆渣。

5）调校好骨架与管模的设计间距，控制钢筋笼的保护层尺寸一致，固定好遇水膨胀橡胶及骨架与大小钢环的连接。

6）模板所有接缝处均设置止水条，防止出现漏浆现象。

3. 混凝土浇筑

（1）混凝土生产。管节现场预制可用商品混凝土或自建搅拌站生产的混凝土，搅拌站每天生产混凝土之前测定砂石含水率一次，如因下雨或其他因素含水率发生变化，应立即测定，及时调整混凝土施工配合比。搅拌站电子计量的精度为：水泥、水、外加剂 1%，砂石料 2%，混凝土坍落度控制在 5~7 cm。保证拌制混凝土所需的水泥、砂石料、外加剂、水等材料配合比符合规范要求。

（2）混凝土浇筑。模具安装完成后，开始混凝土浇筑。管节混凝土浇筑宜采用水平分层连续进行施工。全断面浇筑可按照分层划分为若干部分进行浇筑。总浇筑时间尽量控制在最短时间内。

浇筑时严格控制振捣时间，减少过振与振捣时间不足带来的沉降收缩裂纹和麻面等混凝土缺陷出现的情况。混凝土振捣过程中注意事项如下：

1）采用插入式振捣棒分层振捣密实，下料每层厚度 20~30 cm。

2）层间振捣相隔不得大于 45 min。

3）振捣棒应做到快插慢拔，直到混凝土表面液化并无气泡溢出为止，每次插入深度应控制在进入下层的 5~10 cm。

4）多根振捣棒同时振捣，其间距应小于振捣器的有效作用半径，并按照一定的方向移动，不得漏振。

5）做好管口振捣及抹光工作。初凝前完成收面抹平工作，终凝前完成压光工作。

4. 管节养护与存放

浇筑的混凝土初凝后即覆盖并浇水养护，始终保持潮湿状态。养护时间根据现场条件和设计要求，一般为 3~7 d。

冬期施工时，为了加快预制速度可考虑采用蒸汽养护。现场布置蒸汽管道，养护方法：混凝土浇筑完成以后放置 1h，然后盖上养护罩，通入蒸汽，在 1~2 h 升温达到 70℃，持续 3~4h 后降温，降温过程应超过 2h，降至与外界同温后拆除内外模，脱模后再盖上养护罩，升温 1h 达到 40℃，持续 4h 后降温，降温过程应超过 2h，降至与外界同温。蒸汽养护完成后继续对管节用人工浇水的方法进行养护。

管节养护至后符合要求后，可移至存放区存放。存放时应做好成品保护工作，防止管节受损。

5. 管节预制注意要点

（1）管节防裂的措施：通过在混凝土初凝之前再抹一次面，有效减少了混凝土外露面干缩裂缝的数量。

（2）混凝土的现场初凝时间确定：因混凝土的初凝时间与重塑时间相近，故用混凝土的重塑时间来控制其初凝时间（用插入式振动器靠自重插入混凝土中，振动 15 s，周围 100 mm 内能泛浆，并且拔出振动器时，不留孔眼即为重塑）。

（3）混凝土的修整：混凝土的缺陷形式很多，如蜂窝、露筋、麻面、色差、胀模等，这些都是表观缺陷，都是小的缺陷。混凝土在浇筑过程中出现由分层产生的细小沉降收缩裂纹，在养护过程中混凝土表面水分蒸发大于混凝土泌水的速度产生的细小塑性收缩裂纹及振捣不够产生的麻面，通过采用涂抹环氧水泥浆来修补，有效增加混凝土的表面光滑度及抗渗性。漏浆产生的缺陷、管节起吊过程中产生的缺陷，采用预塑砂浆的填充来修补。

8.5.2 管节运输

根据管节外形尺寸及重量，合理选择运输车辆。运输注意事项如下：

（1）作好各项运输准备，包括制定运输方案，选定运输车辆，设计制作运输架，准备装运工具和材料，检查、清点构件，修筑现场运输道路，察看运输路线和道路，进行试运行等。这是保证运输顺利进行的重要环节和条件。

（2）构件运输时，混凝土的强度应达到设计强度等级的 100%。构件的中心应与车辆的装载中心重合，支承应垫实，构件间应塞紧并封车牢固，以防运输中晃动或滑动，导致构件互相碰撞损坏。运输道路应平坦坚实，保证有足够的路面宽度和转弯半径。还要根据路面情况掌握好车辆行驶速度，起步、停车必须平稳，防止任何碰撞、冲击。

（3）管节构件运到现场，按结构吊装平面位置采用足够吨位的吊车进行卸车、就位、安装，尽量避免二次转运。

8.5.3 管节拼装

1. 管节拼装施工工艺

预制节段拼装工艺，就是把整个综合管廊分成便于长途运输的小节段，在预制场预制好后，运输到现场，由专用节段拼装设备逐段拼装成孔，逐孔施工直到结束。

（1）管节拼装工艺流程

在城市核心道路建设中，管节节段拼装工艺技术，其拼装工艺流程主要步骤是设备组装、设备检测及专家审查验收、节段吊装；接下来要进行首节段（1 号块）定位，首节段定位应在基坑开挖、支护的基础上进行测量控制；然后是安装螺旋千斤顶作为临时支座，在测量控制的基础上拼装后续节段、张拉永久预应力、管道压浆、对地下综合管廊和垫层之间的间隙进行底部灌浆、落梁、逐段拆除各节段的支撑、拼装设备过孔、依同法架设下一孔、浇筑各孔端部现浇段混凝土，处理变形缝，使各孔地下综合管廊体系连续，这样就完成了节段拼装。

（2）管节拼装施工技术

管节拼装施工过程中，节段拼装应具备以几个条件：一是基坑开挖及支护。基坑开挖采用放坡开挖，垫层标高应比综合管廊底面低 2cm，以确保综合管廊的拼装。二是临时支撑。一般来说，在综合管廊节段拼装过程中，临时支撑采用 C20 钢筋混凝土条形基础，每孔综合管廊布置两条 C20 钢筋混凝土条形基础，分别在左右两侧，钢筋混凝土条形基础的中心线距离综合管廊边缘 15cm（距离综合管廊中心线 250cm）。三是节段拼装设备。应根据节段的质量和尺寸选用。拼装施工要把握好首节段的定位、节段胶拼、临时预应力张拉三个关键点。而对于永久预应力张拉，则应在简支跨数据采集及箱梁线形调整、管道压浆、综合管廊和垫层之间的底部灌浆。另外，完成两孔综合管廊拼装后，即可进行湿接缝施工。

（3）管节拼装施工后的防水

管节拼装施工后的防水，应待综合管廊管节拼装施工全部完成后，即进行防水施工。施工部位为地下综合管廊顶板及两外侧立面。综合管廊外包防水可采用防水涂料或防水卷材（粘结）；防水施工完成后，综合管廊顶面铺钢筋网，浇筑混凝土保护层，侧面抹水泥砂浆隔离层。防水施工时，基面需要坚实、平整、无缝无孔、无空鼓；预留管件需安装牢固，接缝密实；阴阳角为 10 mm 折角或弧形圆角；表面含水率小于 20%。

2. 管节拼装质量控制

综合管廊容纳着城市各种地下管线，其工程质量直接影响着各种管线的正常使用。预制拼装法综合管廊的质量控制有以下几点：

（1）首节段定位

首节段作为整孔拼装的基准面，在综合管廊建设中，首节段定位是关键。城市核心道路建设综合管廊节段的施工，应在一跨节段吊装就位后，借助全站仪监测，结合起重吊车及千斤顶对首节段进行调整，使其偏差控制符合要求后再将节段固定，以控制综合管廊节段的施工质量。首节段准确定位，对于后续节段拼装就位非常重要。

（2）节段试拼、涂胶和拼装

节段运至施工现场前先对相邻节段的匹配面进行试拼接，验收合格后方可运至施工现场，同时检查预应力预留管道及相关预留孔洞，保持畅通。相邻节段结合面匹配满足综合管廊工程结构总体质量要求。节段涂胶时环氧涂料应充分搅拌确保色泽的均匀。在环氧涂料初凝时间段内控制好环氧搅拌、涂料涂刷、节段拼接、临时预应力张拉等工序，保证拼装的质量。

（3）临时预应力

涂胶后的节段，应及时施加临时预应力，使相邻结合面紧密结合。预应力的控制，根据要求提供的预制节段结合面承压进行。张拉时采用三级逐步加载，以防止结合面受力不均。另外，监测点数据采集（轴线、高程）与线形调整，张拉后对各节段监控点予以采集、计算，并通过临时支撑千斤顶，对综合管廊的线形与高程偏差予以调节，以满足要求。

（4）防水施工质量控制

防水施工质量控制不好，不但影响管廊的正常使用，而且会使混凝土腐蚀，钢筋生锈，影响工程的安全。为此，施工中严格控制各工序施工质量。防水施工时，基面需要坚实、平整、无缝无孔、无空鼓；预留管件需安装牢固，接缝密实；阴阳角 10mm 折角或弧形圆角，表面含水率小于 20%。

第9章　防水工程施工

9.1　总体要求

综合管廊工程必须进行防水设计，防水设计应定级准确、方案可靠、施工简便、经济合理。必须从工程规划、建筑结构设计、材料选择、施工工艺等全面系统地做好地下工程的防排水。

综合管廊工程的防水设计，应考虑地表水、地下水、毛细管水等的作用，以及由于人为因素引起的附近水文地质改变的影响。

综合管廊工程的钢筋混凝土结构，应采用防水混凝土，并根据防水等级的要求采用其他防水措施。

综合管廊工程的变形缝、施工缝、诱导缝、后浇带、穿墙管（盒）、预埋件、预留通道接头、桩头等细部构造，应加强防水措施。

综合管廊工程的排水管沟、地漏、出入口、风井等，应有防倒灌措施，寒冷及严寒地区的排水沟应有防冻措施。综合管廊工程防水设计，应根据工程的特点和需要搜集有关资料：

1）最高地下水位的高程、出现的年代，近几年的实际水位高程和随季节变化情况；

2）地下水类型、补给来源、水质、流量、流向、压力；

3）工程地质构造，包括岩层走向、倾角、节理及裂隙，含水地层的特性、分布情况和渗透系数，溶洞及陷穴，填土区、湿陷性土和膨胀土层等情况；

4）历年气温变化情况、降水量、地层冻结深度；

5）区域地形、地貌、天然水流、水库、废弃坑井以及地表水、洪水和给水排水系统资料；

6）工程所在区域的地震烈度、地热，含瓦斯等有害物质的资料；

7）施工技术水平和材料来源。

工程防水设计内容应包括：

1）防水等级和设防要求；

2）防水混凝土的抗渗等级和其他技术指标，质量保证措施；

3）其他防水层选用的材料及其技术指标，质量保证措施；

4）工程细部构造的防水措施，选用的材料及其技术指标，质量保证措施；

5）工程的防排水系统，地面挡水、截水系统及工程各种洞口的防倒灌措施。

综合管廊工程的防水等级分为四级，各级的标准应符合表 9-1 的规定。

综合管廊工程防水等级标准　　　　　　　　　　　　　　　　表 9-1

防水等级	标准
一级	不允许渗水，结构表面无湿渍
二级	不允许漏水，结构表面可有少量湿渍 工业与民用建筑：总湿渍面积不应大于总防水面积（包括顶板、墙面、地面）的 1 / 1000；任意 $100m^2$ 防水面积上的湿渍不超过 1 处，单个湿渍的最大面积不大于 $0.1m^2$ 其他地下工程：总湿渍面积不应大于总防水面积的 6/ 1000；任意 $100m^2$ 防水面积上的湿渍不超过 4 处，单个湿渍的最大面积不大于 $0.2m^2$

综合管廊工程的防水等级，应根据工程的重要性和使用中对防水的要求按表 9-2
选定。

不同防水等级的适用范围　　　　　　　　　　　　　　　　表 9-2

防水等级	适用范围
一级	人员长期停留的场所；因有少量湿渍会使物品变质、失效的贮物场所及严重影响设备正常运转和危及工程安全运营的部位；极重要的战备工程
二级	人员经常活动的场所；在有少量湿渍的情况下不会使物品变质、失效的贮物场所及基本不影响设备正常运转和工程安全运营的部位；重要的战备工程

综合管廊工程的防水设防要求，应根据使用功能、结构形式、环境条件、施
工方法及材料性能等因素合理确定。明挖法综合管廊工程的防水设防要求应按表
9-3 选用。

明挖法综合管廊工程防水设防　　　　　　　　　　　　　　　　表 9-3

工程部位	主体						施工缝					止水条			变形缝、诱导缝						
防水措施	防水混凝土	防水砂浆	防水卷材	防水涂料	塑料防水板	金属板	遇水膨胀止水条	中埋式止水带	外贴式止水带	外抹防水砂浆	外涂防水涂料	膨胀混凝土	遇水膨胀止水条	外贴式止水带	防水嵌缝材料	中埋式止水带	外贴式止水带	可卸式止水带	防水嵌缝材料	外贴防水卷材	外涂防水涂料	遇水膨胀止水条

续表

工程部位		主体	施工缝	止水条		变形缝、诱导缝
防水等级	一级 应选	应选 1~2 种	应选 2 种	应选 应选 2 种	应选	应选 2 种
	二级 应选	应选 1 种	应选 1~2 种	应选 应选 1~2 种	应选	应选 1~2 种

9.2 防水混凝土施工

防水混凝土的抗渗能力，不应小于 0.6MPa。防水混凝土的环境温度，不得高于 100℃；处于侵蚀性介质中防水混凝土的耐侵蚀系数，不应小于 0.8。防水混凝土结构的混凝土垫层，其抗压强度等级不应小于 10MPa，厚度不应小于100mm。防水混凝土结构，应符合下列规定：

（1）衬砌厚度不应小于 200mm；

（2）裂缝宽度不得大于 0.2mm；

（3）钢筋保护层厚度迎水面不应小于 35mm，当直接处于侵蚀性介质中时，保护层厚度不应小于 50mm。

防水混凝土使用的水泥，应符合下列规定：

（1）在不受侵蚀性介质和冻融作用时，宜采用普通硅酸盐水泥、火山灰质硅酸盐水泥、粉煤灰硅酸盐水泥，如采用矿渣硅酸盐水泥则必须掺用外加剂以降低泌水率；

（2）在受冻融作用时应优先选用普通硅酸盐水泥，不宜采用火山灰质硅酸盐水泥和粉煤灰硅酸盐水泥；

（3）不得使用过期或受潮结块的水泥，并不得将不同品种或标号的水泥混合使用；

（4）水泥强度等级不宜低于 42.5MPa，当采用强度等级为 32.5MPa 的水泥时必须掺外加剂并应经过试验合格后方可使用。

防水混凝土所用的砂石，除应符合现行行业标准《普通混凝土用砂、石质量及检验方法标准》JGJ 52 的规定外，还应符合下列要求：

（1）石子最大粒径不宜大于 40mm，所含泥土不得呈块状或包裹石子表面，吸水率不应大于 1.5%；

（2）砂宜采用中砂。

拌制混凝土所用的水，应采用不含有害物质的洁净水。防水混凝土可根据工程需要掺入引气剂、减水剂、密实剂等外加剂，其掺量和品种应经试验确定。

防水混凝土可掺入一定数量的磨细粉煤灰或磨细砂、石粉等，粉煤灰掺量不应大于20%，磨细砂、石粉的掺量不宜大于5%。粉细料应全部通过0.15mm筛孔。

严重化学腐蚀环境下的混凝土结构构件，应结合当地环境和对既有建筑物的调查，必要时可在混凝土表面施加环氧树脂涂层、设置水溶性树脂砂浆抹面层或铺设其他防腐蚀面层，也可加大混凝土构件的界面尺寸。化学腐蚀环境下的混凝土不宜单独使用硅酸盐水泥或普通硅酸盐水泥作为胶凝材料，其原材料组成应根据环境类别和作用等级确定。水、土中的化学腐蚀环境、大气污染环境和含盐大气环境中的素混凝土结构构件，其混凝土的最低强度等级和最大水胶比应与配筋混凝土结构构件相同。

在干旱、高寒硫酸盐环境和含盐大气环境中的混凝土结构，宜采用引气混凝土，引气要求可按冻融环境中度饱水条件下的规定确定。

防水混凝土的配合比应通过试验确定。其抗渗等级应比设计要求提高0.2MPa。配合比的设计，应符合下列规定：

（1）水泥强度等级为32.5MPa以上时，水泥用量不得少于300kg/m³；当水泥强度等级为42.5MPa以上，并掺有活性粉细料时，水泥用量不得少于280kg/m³；

（2）砂率宜为35%~40%；

（3）灰砂比宜为1:2~1:2.5；

（4）水灰比宜在0.55以下，最大不得超过0.6；

（5）坍落度不宜大于5cm，如掺外加剂或采用泵送混凝土时可不受此限；

（6）掺引气剂或引气型减水剂时，混凝土含气量应控制在3%~6%；

防水混凝土配料必须按质量配合比准确称量，计量允许偏差不应小于下列规定：

（1）水泥、水、外加剂、掺合料为±1%。

（2）砂、石为±2%。

使用减水剂时，减水剂宜预溶成一定浓度的溶液。防水混凝土拌合物，必须采用机械搅拌，搅拌的时间不应小于2min。掺外加剂时，应根据外加剂的技术确定搅拌时间。

防水混凝土拌合物在运输后如出现离析，必须进行二次搅拌。当坍落度有损失时，应加入原水灰比的水泥浆。防水混凝土必须采用机械振捣密实，振捣时间宜为 10 ~ 30s，以混凝土开始泛浆和不冒气泡为准，并应避免漏振、欠振和超振。

掺引气剂或引气型减水剂时，应采用高频插入式振捣器振捣。

防水混凝土应连续浇筑，宜少留施工缝，当留设施工缝时，应遵守下列规定：

（1）顶板、底板不宜留施工缝，顶拱、底拱不宜留纵向施工缝，墙体水平施工缝不应留在剪力与弯矩最大处或底板与侧墙的交接处，应留在高山底板表面不小于 200mm 的墙体上，墙体有孔洞时，施工缝距孔洞边缘不宜小于 300mm，拱墙结合的水平施工缝，宜留在起拱线以下 150 ~ 300mm 处，先拱后墙的施工缝可留在起拱线处，但必须加强防水措施。

（2）垂直施工缝应避开地下水和裂隙水较多的地段，并宜与变形缝相结合。

在施工缝上浇灌混凝土前，应将施工缝处的混凝土表面凿毛，清除浮粒和杂物，用水冲洗干净，保持湿润，再铺上一层 20 ~ 25mm 厚的 1 ：1 水泥砂浆。大体积防水混凝土的施工，应考虑由于水化热引起的混凝土内部温升而产生的收缩裂缝，可采取以下措施；

（1）掺入外加剂，如减水剂、缓凝剂或掺加粉煤灰等掺合料；

（2）采用低水化热水泥；

（3）混凝土内部预埋管道，进行水冷散热。

防水混凝土结构内部设置的各种钢筋或绑扎铁丝，不得接触模板，固定模板用的螺栓必须穿过混凝土结构时，可采用下列止水措施：

（1）在螺栓或套管上加焊止水环，止水环必须满焊；

（2）螺栓加堵头。

防水混凝土终凝后应立即进行养护，养护时间不得少于 14 天，在养护期间应使混凝土表面保持湿润。防水混凝土的冬期施工，应符合下列规定：

（1）混凝土入模温度不应低于 10℃或采用化学外加剂法；

（2）养护宜采用蓄热法，暖棚法并应保持一定的温度，防止混凝土早期脱水。

9.3　涂膜防水层施工

9.3.1　涂膜保护层的施工

涂膜施工完毕，经检查合格后，应立即进行保护层的施工，及时保护防水层免受损伤。保护层材料的选择应根据设计要求及所用防水涂料的特性而定。

9.3.2 涂膜防水层的细部做法

对于阴阳角，穿墙管道、预埋件、变形缝等容易造成渗漏的薄弱部位，应参照卷材防水做法，采用附加防水层加固。此时在加固处，可做成"一布二涂"或"二布三涂"，其中胎体增强材料亦优先采用聚酯毡。

1. 阴阳角

在基层涂布底层涂料之后，应先进行增强涂布，同时将玻纤布铺贴好，然后再涂布第一道涂膜、第二道涂膜，阴阳角的做法应符合施工规范要求。

2. 管道根部

先将管道用砂纸打毛，用溶剂洗除油污，管道根部周围基层应清洁干燥。在管道根部周围及基层涂刷底层涂料，在底层涂料固化后做增强涂布，增强层固化后再涂刷涂膜防水层。

3. 施工缝或裂缝的处理

施工缝或裂缝的处理应先涂刷底层涂料，待固化后再铺设 1mm 厚 10cm 宽的橡胶条，然后方可再涂布涂膜防水层。

4. 水乳型氯丁橡胶沥青防水涂料的施工

氯丁橡胶沥青防水涂料有溶剂型和水乳型之分，目前国内多为阳离子水乳型产品。该涂料产品兼有橡胶和沥青的双重优点，与溶剂型的同类产品相比，二者的主要成膜物质均为氯丁橡胶和石油沥青，其良好的性能亦相似，但阳离子水乳型沥青防水涂料则以水取代了甲苯等有机溶剂，不但使综合管廊成本降低，而且具有无毒、不燃、施工时无污染等特点，水乳型氯丁橡胶沥青防水涂料产品适用于地下混凝土工程的防潮防渗。

5. 聚氨酯涂膜防水的施工

（1）主要材料及施机具，见表 9-4 ~ 表 9-6。

聚氨酯防水涂膜主要材料　　　　　　　　　　　　　　表 9-4

材料	规格（%）	用量（kg/m²）	用途
甲组分（预聚体）	−NCo3.5	1 ~ 1.5	涂膜用
乙组分（固化剂）	−OH0.8	1.5 ~ 2.25	涂膜用
底涂乙料	−OH0.25	0.1 ~ 0.2	涂膜用

聚氨酯涂膜施工用主要辅助材料 表 9-5

材料	规格	用途	材料	规格	用途
硅酸或苯磺酰氯	化学纯	凝固过快时，作缓凝剂用	乙酸乙酯	工业纯	清洗手上凝胶用
			707 胶	工业用	修补基层用
二月桂酸二丁基锡	化学纯或工业纯	凝固过慢时，作促凝剂用	水泥	强度等级为 32.5MPa	修补基层用
二甲苯	工业纯	清洗施工工具用	石渣	$\phi 2mm$ 左右	粘接过渡层用

聚氨酯防水涂膜主要施工工具 表 9-6

名称	用途	名称	用途
电动搅拌器	混合甲、乙料用	油漆刷	刷底胶用
搅拌桶	混合甲、乙料用	滚动刷	刷底胶用
小型油漆桶	装混合料用	小抹子	修补基层用
塑料刮板	涂刮混合料	油工铲刀	清理基层用
铁皮小刮板	在复杂部位涂刮混合料	墩布	清理基层用
橡胶刮板	涂刮混合料用	扫帚	清理基层用
50kg 磅秤	配料称重	高压吹风机	清理基层用

（2）基层要求及处理

①防水层应按设计要求用 1：（2.5～3）的水泥砂浆找平层，其表面要抹平压光，不允许有凸凹不平、松动和起砂掉灰等缺陷存在。阴阳角部位应做成直径约 50mm 和 10mm 的小圆角，以便涂料施工。

②所有穿墙管线必须安装牢固，接缝严密，收头圆滑，不得有任何松动现象。

③施工时，防水基层应基本呈干燥状态，含水率小于 9% 为宜，其简单测定方法是将面积约 1m²、厚度为 1.5～2mm 的橡胶板覆盖在基层面上，放置 2～3h。如覆盖的基层表面无水印，紧贴基层两侧的橡胶板又无凝结水印，说明可以满足施工要求。

④施工前，先以铲刀和扫帚将基层表面的突起物、砂浆疙瘩等异物铲除，并将尘土杂物彻底清除干净。对阴阳角、管道根部等部位更应认真清理，如发现有油污、铁锈等，要用钢丝刷、砂纸和有机溶剂等将其彻底清除干净。

（3）施工工艺

1）清扫基层。把基层表面的尘土杂物认真清扫干净。

2）涂刷基层处理剂。此工序相当于沥青防水施工冷涂刷冷底子油，其目的是隔断基层潮气，防止防水涂膜起鼓脱落；加固基层，提高基层与涂膜层的粘结强度，防止涂层出现针眼气孔等缺陷。

①聚氨酯底胶的配制将聚氨酯甲料与专供底涂用的乙料按（1:3）~（1:4）（质量比）的比例配合，搅拌均匀，即可使用。

②涂布施工。小面积的涂布可用油漆刷进行；大面积的涂布可先用油漆刷蘸底胶在阴阳角、管子根部等复杂部位均匀涂布一遍，再用长把滚刷进行大面积涂布施工；涂胶要均匀，不得过厚或过薄，更不允许露白见底；一般涂布量以 0.5 ~ 0.2kg/m^2 为宜。底胶涂布后要干燥固化 12h 以上，才能进行下道工序施工。

在正式涂刷聚氨酯涂抹之前，先在立墙与平面交界处用密纹玻璃网布或聚酯纤维无纺布做附加过渡处理。附加层施工，应先将密纹玻璃网布或聚酯纤维无纺布用聚氯酸涂膜粘铺在拐角平面（宽 300 ~ 500mm），平面部位必须用聚氯酯涂膜与垫层混凝土基层紧密粘牢，然后由上而下铺贴玻璃网布或聚氨酯纤维无纺布，并使网布紧贴阴角，避免吊空。在永久性保护墙（模板墙）上不刷底油，也不涂刷聚氨酯涂膜，仅将网布空铺或点粘密贴永久砖墙身，在临时保护墙上需用聚氨酯涂膜粘铺密纹玻璃网布或聚酯纤维无纺布并将它固定在临时保护墙上，随后进行大面积涂膜防水层施工。

垫层混凝土平面与模板墙立面聚氨酯涂膜防水操作要求：用长把滚刷蘸取配制好的混合料，顺序均匀地涂刷在基层处理剂已干燥的基层表面上，涂刷时要求厚薄均匀，对平面基层以涂刷 3 ~ 4 遍为宜，每遍涂刷量为 0.6 ~ 0.8kg/m^2；对立面模板墙基层以涂刷 4 ~ 5 遍为宜，每遍涂刷量为 0.5 ~ 0.6kg/m^2，防水涂膜的总厚度不宜大于 2mm。

涂完第一遍涂膜后一般需固化 12h 以上，直至指触综合管廊不粘时，再按上述方法涂刷第二遍至第五遍涂膜。对平面的涂刷方向，后一遍应与前一遍的涂刷方向垂直，凡遇到底板与立墙相连接的阴角，均应铺设密纹玻璃网布或聚酯纤维无纺布进行附加增强处理。

③平面部位铺贴油毡保护隔离层。当平面部位最后一遍涂膜完全固化，经检查验收合格后，即可虚铺一层纸胎石油沥青油毡作保护隔离层，铺设时可用少许聚氨酯混合料或氯丁橡胶胶粘剂花粘固定。

④浇筑细石混凝土。在油毡保护隔离层上，直接浇筑 50 ~ 70mm 厚的细石混凝土作刚性保护层，砖衬模板墙立面抹防水砂浆保护层。施工时，必须防止机具或材料损伤油毡层和涂膜防水层，如有损伤现象，必须用聚氨酯混合料修复后，

方可继续浇筑细石混凝土，以免留下渗漏水的隐患。

⑤立墙结构拆模后即可涂刷界面处理剂，并抹砂浆找平层，经养护符合涂膜防水层施工时，即可进行下道工序。

⑥接槎和立墙涂膜防水施工。清理工作面，拆除临时保护墙；清除白灰砂浆层，使槎头显现出来；边墙混凝土施工缝防水处理：清理混凝土凸块、浮浆等杂物，以高强度等级的防水砂浆或聚合物砂浆局部找平施工缝(上、下各 10~15cm 范围)，然后涂刷 3 道聚合物水泥砂浆（简称弹性水泥），厚约 1.5mm；边墙施工缝处理好后即可按正常墙体防水施工法有关规定进行操作，操作工艺与平面基层相同。

⑦立面粘贴聚乙烯泡沫塑料保护层。在立墙涂刷的第四遍涂膜完全固化，经检查验收合格后，再均匀涂刷第五遍涂膜，在该涂膜固化前，应立即粘贴 6mm 厚的聚乙烯泡沫塑料片作软保护层。粘贴时要求泡沫塑料片拼缝严密，以防回填土时损伤防水涂膜。

⑧回填灰土。完成保护层的施工后，即可按照设计要求或者规范要求，分步回填二七或二八灰土，并应分步夯实。

（4）施工注意事项

①当涂料黏度过大，不便进行涂刷施工时，可加入少量二甲苯进行稀释，以降低黏度，加入量不得大于乙料的 10%。

②当甲、乙料混合后固化过快，影响施工时，可加入少许磷酸苯磺酰氯作缓凝剂，但加入量不得大于甲料的 0.5%。

③当涂膜固化太慢，影响到下一道工序时，可加入少许二月桂酸二丁基锡作促凝剂。但加入量不得大于甲料的 0.3%。

④如刮涂第一遍涂层 24h 后仍有发黏现象时，可在第二遍涂层施工前，先涂上一层滑石粉，再上人施工时，可避免粘脚现象，对施工质量无影响。

⑤如涂料粘结在金属工具上固化，清洗困难时，可到指定的安全地点点火焚烧，将其清除。

⑥如发现乙料有沉淀现象，应搅拌均匀后再使用，以免影响质量。

涂层施工完毕，尚未达到完全固化时，不允许上人踩踏，否则将损坏防水层，影响防水工程的质量。

⑦甲、乙两种材料均为铁桶包装，甲料净重 24kg，乙料净重 16kg，易燃、有毒、贮存时应密封，放在阴凉、干燥、无强日光直晒的场地。

施工时要使用有机溶剂，注意防火，施工人员应采取防护措施（戴手套、口罩、眼镜等），施工现场要求通风良好，以防溶剂中毒。

施工温度应在 0℃以上。

6. 丙烯酸酯防水涂料施工

（1）材料准备

该涂料用量为 0.6kg/m² 左右，使用前应按质量要求进行验收。

（2）机具准备

人工涂刷用的小毛刷、毛毡辊刷、铁桶、机械喷涂用的喷涂机（包括喷枪、软骨、贮料罐、空气压缩机等）、手提式电动搅拌器等。

（3）基层及施工环境要求

①要求基层表面平整、干净，以免影响涂料的附着力和污染涂料。

②构件接缝、刚性防水层分仓缝等宜用聚氯乙烯油膏或胶泥嵌填，并沿接缝表面粘贴玻璃纤维布（150～300mm 宽）。不宜使用石油沥青质油漆或油毡，否则会影响该部位涂料的粘结力。

③防水层必须干燥充分后才能施工。

施工温度应在 5℃以上，应避免涂料在零下的温度条件下成膜。涂料的成膜时间为 4～8h，在此期间不得有雨水冲淋。

④不宜在大风天气进行喷涂施工，夏季中午由于太阳光直射，温度较高，成膜速度快，当涂层内水分迅速蒸发时，易造成涂膜起泡，因而不宜施工。

（4）涂膜施工

①手工涂刷。首先将涂料搅拌均匀，然后倒入小桶中，用毛毡漆刷在黑色防水涂层上均匀地滚涂两遍。每遍涂料的时间间隔为 4～8h。对于无法滚涂的部位应用毛刷涂刷。涂料用量为 0.55kg/m 左右。要求涂膜薄厚均匀、不堆积、不漏涂，无明显接槎。

②机械喷涂施工。一般由 3 人配合操作，1 人配合移动管道，1 人配合搅拌涂料和给贮料罐加料。涂料加入贮料罐前应采用手提式电动搅拌器充分搅拌，并用筛网过滤。施工前，应由下风端朝上风端的顺序后退喷涂，喷枪口离地面 300～500mm。喷涂时，贮料罐压力应稳定在 0.2MPa 左右，喷嘴口空气压力为 0.4MPa 左右。这两项压力应严格控制，否则会影响涂膜质量。喷涂时尽可能连续作业，以避免涂料在管道中停留时间过长，引起凝聚结膜，堵塞管道。当喷涂施工时，若中途需停顿 1h 以上，应将管道和贮料罐内冲洗干净。一般应喷涂两遍，涂料用量约为 0.55kg/m²。

（5）施工注意事项

①涂料使用前均应采用手提式电动搅拌器充分搅拌，以免由于涂料分层而造成涂膜厚度不均匀，降低涂膜性能。

②前一道涂膜干燥后才能进行后一道刷、喷涂施工，一般需要间隔 4~8h。

③涂层应厚薄均匀，无漏刷、喷涂现象，无起泡、针眼，如有缺陷应及时修补。

④涂料应密封贮运，环境温度应大于 0℃，贮运期为半年至一年。

7. 聚合物水泥防水涂料的施工

聚合物水泥防水涂料（JS 防水涂料）虽作为商品在市场上流通，但实际上只是涂膜的半成品，只有通过涂装施工，形成涂膜，才能成为最终产品，起到防水的作用。

合理的方案、正确的防水施工、优质的涂料内在品质，方可保证防水层的质量。聚合物水泥防水涂料施工操作方便，施工人员容易掌握，可在潮湿或干燥的砖面、砂浆混凝土、金属、木材、各种保温层、各种沥青、橡胶、SBS、APP、聚氨酯等防水层基面上施工，形成完整的防水体系。

（1）JS 涂膜防水层常见的构造

地下建筑工程 JS 涂膜防水层常见的构造应符合规定。对于已开裂、渗水的部位，应留凹槽嵌填密封材料，并增设一层或一层以上带有胎体增强材料的增强层。

（2）工艺方法

JS 防水涂料的施工工艺流程应符合规范要求。根据 JS 防水涂料的不同产品型号及特点，生产厂商在编写施工方法方面做了不少的工作，编写了不同的施工方法，我国 JS 防水涂料部分生产厂商也编写了不同施工方法。

（3）地下 JS 涂膜防水工程的施工注意事项

JS 防水涂料适合于综合管廊防水，但必须注意以下事项：

①综合管廊墙面往往有垂直细裂缝，必须仔细检查，凡有裂缝的地方应先刷抗裂胶（宽为 100mm），如裂缝宽超过 1mm 时，可凿成 V 形缝嵌填聚合物砂浆后再刷抗裂胶。

②防水涂层完工后，不可以马上浸水，需待防水层凝固并有一定强度后才可浸水，一般在通风良好情况下，一个星期后方可浸水。

③在有桩支承的地下结构，其桩顶防水处理是关键，必须合理设计，用料正确。

④防水层的保护层可采用聚苯乙烯泡沫板。

8. 渗透结晶型防水材料的施工

（1）施工机具

如电动搅拌器、搅拌桶、专用喷枪、尼龙刷、胶皮手套、鼓风机及湿草袋等。

（2）基层处理

①将新、旧混凝土基层表面的尘土、杂物彻底清扫干净，必要时还需要将基层表面作凿毛处理，并用水冲洗干净。

②由于水泥基渗透结晶型防水材料在混凝土中结晶形成过程的前提条件是需要湿润，所以无论新浇筑的或原有的混凝土，都要用水浸透，但不能有明水。

③新浇的混凝土表面在浇筑 20h 后方可使用该类防水涂料。

④混凝土浇筑后的 24~72h 为使用该类涂料的最佳时段，因为新浇的混凝土仍然潮湿，所以基面仅需少量的预喷水。

⑤混凝土基面应当粗糙干净，以提供充分开放的毛细管系统以利于渗透。

（3）施工工艺

①将水泥基渗透结晶型防水涂料或防水剂与水按规定的比例进行配比，搅拌均匀，使涂料配制成膏浆状材料，然后按顺序涂刷或喷涂在干净、潮湿而无明水的基层表面上，涂层的厚度以控制在 1.5~2.0mm 为宜。

②施工刷涂、喷涂时需用半硬的尼龙刷或专用喷枪，不宜用抹子、滚筒、油漆刷或油漆喷枪。涂层要求均匀，各处都要涂刷，一层的厚度应小于 1.2mm，如果太厚则养护困难。涂刷时应注意用力，来回纵横地刷，以保证凹凸处都能涂上并达到均匀。喷涂时喷嘴距涂层要近些，以保证灰浆能喷进表面微孔或微裂纹中。

③当需涂第二层（浓缩剂或增效剂）时，一定要等第一层初凝后仍呈潮湿状态时（即 48h 内）进行，如太干则应先喷洒些水。

④在热天露天施工时，建议在早、晚或夜间进行，防止涂层过快干燥，造成表面起皮，影响渗透。

⑤对水平地面或台阶阴阳角必须注意将涂料涂匀，阳角要刷到，阴角及凹陷处不能自涂料的过厚沉积，否则在堆积处可能开裂。

⑥对于水泥类材料的后涂层，在前涂层初凝后（8~48h）即可使用。

（4）养护

当涂层凝固到不会被洒水损伤时，即可及时喷洒水或覆盖潮湿麻袋、草帘等进行保湿养护,养护时间不得少于 3 天。渗透结晶型防水涂层的养护注意事项如下：

①在养护过程中必须用净水，必须在初凝后使用喷雾式洒水，以免涂层被破

坏。一般每天需喷洒水 3 次，连续 2 ~ 3 天，在热天或干燥天气要多喷几次，防止涂层过早干燥。

②在养护过程中，必须在施工后 48h 内避免雨淋、霜冻，烈日暴晒、污水及 2℃以下的低温。在空气流通很差的情况下（如封闭的水池或湿井），需用风扇或鼓风机帮助养护。露天施工用湿草袋覆盖较好，不能覆盖不透气的塑料薄膜。如果使用塑料薄膜作为保护层，必须注意架开，以保证涂层的"呼吸"及通风。

③对盛装液体的混凝土结构必须养护 3 天之后，再放置 12 天才能灌进液体。对盛装特别热或腐蚀性液体的混凝土结构，需放 18 天才能灌装。

（5）回填

在涂层施工 36h 后可回填湿土，7 天内均不可回填干土，以防止其向涂层吸水。

9.4　密封防水施工

9.4.1　密封防水层施工工艺

综合管廊工程常用的嵌缝防水密封材料主要有改性沥青防水密封材料和合成高分子防水密封材料两大类。它们的性能差异较大，施工方法亦应根据具体材料而定，常用的施工方法有冷嵌法和热灌法两种。

防水密封材料的施工一般都是在工程临近竣工之前进行，此时工期要求紧，各种误差集中，施工条件特殊，如不精心施工，就会降低密封材料的性能，提高漏水的概率。为了满足接缝的水密、气密要求，在正确的接缝设计和施工环境下完成任务，就需要充分做好施工准备，各道工序认真施工，并加强施工管理，才能达到要求。

9.4.2　施工机具

密封材料常用的施工机具要完备，施工时根据施工方法选用。

9.4.3　施工的环境条件

防水密封工程的施工大部分是露天作业，因此天气的影响极大。防水密封工程施工最理想的气候条件是温度在 20℃左右的无风天气，但客观上气温是经常变化的，有时下雨下雪，有时刮风，施工期的雨、雪、露、雾、霜以及高温、低温、大风等天气情况，对防水密封的质量都会造成不同程度的影响。因此，在施工期间，必须掌握好天气情况和气象预报，下雨、下雪时应停止施工。雨季在计划安排上应考虑降雨时中止施工的时间，以保证施工顺利进行和施工的质量。气候条件对接缝的影响主要是指气温和水分的影响，其中水分对施工的影响至关重要。

1. 天气

施工期的天气主要是指雨、雪、霜、露、雾和大气湿度等天气情况。雨雪天气或预计在施工期中有雨雪时，就不应该进行施工，以免雨雪破坏已完工的工作面，使嵌缝密封材料失去防水效果。如果有降雨降雪预报，应及时停止施工，如果在施工中途遇到雨雪，则立即停止施工并作好保护工作。在重新开始作业时，应确认粘结面的干燥程度不会降低密封材料性能时，再进行密封作业。

霜、雾天气或大气湿度过大时，会使基层的含水率增大，需待霜、雾退去，基层晒干后方可施工，否则就可能造成粘结不良或起鼓等现象。

2. 气温

由于防水密封材料性能各异，工艺不同，对气温的要求略有不同，但一般讲宜在 5~35℃的气温下施工，这时工程质量易保证，操作人员施工也方便。

在高温、低温、高湿度环境下施工，密封材料会出现不正常的固化，影响粘结性。在炎热的天气中，当气温超过 35℃时，所有的密封材料均不宜施工，在高温天气时，可选在夜间施工，但应注意，如果下半夜露水较大时，也不得施工。气温低于 -4℃时，为防止结露，也不宜施工。

3. 大风

五级以上的大风天气，防水密封工程不得施工，因为大风天气易将尘土及砂粒等刮起，粘附在基层上，影响密封材料与基层的粘结，此外，大风对运输和操作都有影响。为了保证质量，大风后应对基层进行清扫，清除基层上的尘土和砂粒，以保证施工质量。

9.4.4 施工前的准备

1. 施工前的技术准备

（1）了解施工条件和要求。施工条件的成熟是保证施工质量的首要条件，没有充分、完备的施工条件，势必影响施工的正常进行，也就不能从根本上保证施工质量。

施工技术管理人员首先应做好技术准备，通过对设计图纸的学习和了解，领会设计意图，熟悉建（构）筑物构造、细部节点构造、设防层次及采用的材料、规定的施工工艺和技术要求。在了解施工条件和要求，领会设计意图的基础上组织图纸会审，认真解决设计图和在施工中可能会出现的问题，以使防水密封设计更加完善，更加切实可行。

（2）编制施工方案及技术措施。针对施工单位制定的施工方案应真实、细致地考虑整个施工过程中的每一个环节，使设计意图得到落实。防水工程施工方案应明确施工段的划分、施工顺序、施工方法、施工进度、施工工艺，提出操作要点、主要节点构造施工做法，保证质量的技术措施、质量标准、成品保护及安全注意事项等内容。

（3）人员培训。防水工程必须经过认可的单位进行系统的培训，经过考核合格后方可持证上岗。

根据工程防水施工方案的内容要求，对防水工程进行新材料、新工艺、新技术培训学习，绝不可使用非专业防水人员任意施工。必要时还应对施工人员进行适当的调整。

（4）建立质量检验和质量保证体系。防水工程施工前，必须先明确检验程序，定出哪几道工序完成后必须检验合格后才能继续施工，并提出相应的检验内容、方法、工具和记录。

防水工程的施工必须强调中间检验和工序检验，只有对质量缺陷在施工过程中及早发现，立即补救，消除隐患，才能保证整个防水层的质量。

（5）做好施工记录。防水工程施工过程中应详细记录施工全过程，以作为今后维修的依据和总结经验的参考，记录应包括下列内容：

1）工程的基本情况。包括工程项目名称、地点、性质、结构、层次、建筑面积、防水密封面积、部位、防水层的构造层次，用材及单价、设计单位等。

2）施工状况。包括施工单位、负责人、施工日期、气候环境条件、基层及相关层次质量、材料名称、生产厂家及日期批号、材料质量、检验情况、用量、节点处理方法等。

3）工程验收情况。包括中间验收、完工后的试水检验、质量等级评定、施工过程中出现的质量问题和解决方法等。

4）经验教训，改进意见等。

（6）技术交底。防水密封工程在施工前，施工负责人应向班组进行技术交底，其内容应包括：施工部位、顺序、工艺、构造层次，节点设防方法、增强部位及做法、工程质量标准、保证质量的技术措施、成品保护措施和安全注意事项。

2. 施工前的物资准备

施工前的物资准备包括防水密封材料及配套材料的准备、防水密封材料及配套材料的进场和抽验、施工机具的进场和试运转等内容。

（1）材料的准备

1）底涂料。底涂料是在填嵌密封胶之前涂于基材表面，以改进密封胶与基材粘结性能的涂料。为了提高粘结性能，原则上都应采用底涂料，但粘结体种类繁多，有的密封胶和被粘结体之间，并不一定需要使用底涂料，在这种情况下，必须遵照厂商的规定去选用底涂料，这是因为底涂料的性能与所用的密封胶有着密切的关系。此外，由于被粘结体的种类不同，往往需要改变使用底涂料的种类，一般情况下各厂商都备有好几种底涂料，可根据被粘结体的种类确定。但是即使是同类粘结体，有时也有细微的差别，如涂装的种类虽然相同，但由于烘烤成干燥条件不同，对粘结性有很大的影响。因而在选择底涂料时，对厂商指定的底涂料，还应按实际使用的粘结体，复核其粘结性。

一般来说，混凝土、砂浆、石料、木材以及涂漆金属板，如不使用适当的底涂料，密封材料的粘结性能就不一定好。玻璃以及不上漆的金属板，最好也涂上底涂料，以提高其耐久性。

根据密封胶的种类和被粘结体的搭配，使用底涂料和不使用底涂料，其初期粘结性几乎没有差异，但其长期粘结性有时就会有明显的差异。

使用底涂料的情况有：被粘结体和密封胶虽然粘结性较好，但为减轻由伸缩、热、紫外线和水引起的粘结疲劳以及为提高长期的粘结性而使用底涂料（用在砂浆、混凝土预制板、石棉板、胶合板等）；由于被粘结体与密封胶的粘结性差，为提高相互之间的粘结效果，作为粘结介质而使用（用在铁、铝、玻璃等无吸水性的平滑面、涂漆面、合成树脂面等）；表面脆弱的基层，为去掉粉尘、增强面层而使用（如加气混凝土板、轻质硅钙板等）。底涂料的分类如表9-7所示。

底涂料分类表 表9-7

项目	分类 I	分类 II	分类 III
硅烷系	玻璃质	金属（处理）类	涂漆类
氨基甲酸酯系	水泥类等多孔质基层	金属涂漆类	
合成橡胶系	水泥类多孔质基层	金属涂漆类	
合成树脂类	水泥类等多孔质基层		
环氧系	水泥类等多孔质基层		

底涂料一般都是具有极性基（官能基）的硅烷系或硅酮树脂等材料，溶解在乙醇、丙酮、甲苯、甲乙酮等溶剂中，刷涂或喷涂，而且多半在 20 ~ 30min 内即可干燥，底涂料的涂层一般较薄，但对于木材、砂浆、混凝土等多孔质的被粘结体，涂膜厚度一般则较厚，以防止砂浆、混凝土等的碱性成分的渗出。

2）背衬材料和隔离材料。背衬材料是用于限制密封胶深度和确定密封胶背面形状的材料。在某些情况下也可作为隔离材料。

用作密封背衬材料的主要是合成树脂或合成橡胶等同孔泡沫体，这些材料具有适当的柔软性。所选择的背衬材料必须具有圆形或方形等形状，而且应稍许大于接缝宽度。

密封胶在接缝中与接缝底面和两个侧面相粘结，称为三面粘结，嵌填后的密封胶由于受力复杂，其耐久性下降。因此，在密封背衬材料中以与密封胶粘结性不大的为好。

接缝深度较浅而不能使用密封背衬材料时，则应使用隔离材料，以免密封胶粘到接缝的底部。

防止建筑结构中在指定接触面上粘结的材料称为隔离材料。隔离材料一般放在接缝的底板，使密封胶只与侧面基材形成二面粘结，通常使用的背衬料有聚乙烯、聚氨酯、聚苯乙烯、聚氯乙烯闭孔泡沫塑料及氯丁橡胶、丁基橡胶海绵等。通常使用的隔离材料有聚乙烯胶条，聚乙烯涂敷纸条等。

背衬材料和隔离材料材质的选择标准如下：为避免在接缝伸缩时在被粘结构件上产生应力，应使用只有自身能伸缩的材料，不含油分、水分和沥青质，与密封材料不产生粘结作用的材料，不侵蚀密封材料，不析出水溶性着色成分，耐老化性能好、不吸潮、不透水的材料，形状要适合接缝状态、受热变形不大的材料，密封背衬粘结材料的粘结力必须限制在最小限度内。

3）防污带（条）。防污带（条）是防止接缝边缘被密封材料污染，保证接缝规整而粘贴的压敏胶带。

防污带的使用目的主要是在涂刷底涂料和填充密封胶时，用来防止被粘结面受到污染。在填充密封材料时，要保持封口两边的两条线笔直。

防污带材质的选择标准是必须根据施工面的具体情况，来选择使用最合适的材质与尺寸。对防污带的基本性质要求如下：防污带应不受溶剂的侵蚀或不吸收溶剂；防污带的粘结剂不应过多地脱离防污带而粘附在被粘结面上，使被粘结面污染或有斑迹，或在剥去防污带时，不应把被粘结面的涂料也一起剥离掉；防污带厚度要合适，以便在形状复杂的部位使用时，易于折叠。

（2）防水密封材料的抽验和进场

1）粘结性能的试验。根据设计要求和厂方提供的资料，在实际施工前，应采用简单的方法或根据所用材料的标准进行粘结试验，以检查密封材料及底涂料是否能满足要求。

简易粘结试验可按下述程序进行：以实际构件或饰面试件作粘结体；在其表面贴塑料膜条；涂上实际使用的底涂料；在塑料膜条和涂层上粘实际使用的条状密封材料；将试件置于现场固化；按施工方法，用手将密封条向180°方向揭起牵拉；当密封条拉伸直到破坏时，粘结面仍留有破坏的密封材料（粘结破坏），则可认为密封胶和底涂料粘结性能合格。

2）防水密封材料的贮存与运输。在施工期间对防水密封材料及其辅助材料的贮存与运输问题也是不能忽视的。在一般情况下，防水密封材料是根据需要预先在工厂配制好的，然后再于施工时用，有的则是从市场上采购而来的。有些防水密封材料和辅助材料是属于易燃或有毒的材料，对人体皮肤有刺激性作用。因此，在贮存与运输过程中应注意安全。有些防水密封材料对水很敏感，怕雨淋日晒，这些材料则应妥善贮存在密封容器中，放在室内避热阴凉处，并保持干燥。

3. 施工前的检查（基层检查）

密封材料施工前，要对下列各项进行必要的确认。

（1）检查接缝尺寸是否符合设计图纸，根据密封胶的性能确认接缝形状、尺寸是否合适以及施工是否可能等。嵌填密封胶的缝隙（如分格缝、板缝等）尺寸应严格按设计要求留设，尺寸太大导致嵌填过多的密封材料造成浪费，尺寸太小则施工时不易嵌填密实密封材料，甚至承受不了变形。新规范总结了国内外大量技术标准、资料和国内密封防水处理工程实践，提出了接缝宽度不应大于40mm，且不应小于10mm，接缝深度可取接缝宽度的0.5～0.7倍的技术要求。接缝尺寸如与图纸明显不同时，要记录在检查报告中。

（2）检查粘结体是否与设计图纸相符，涂装面的种类和养护干燥时间是否适宜。基层应干净、干燥，对粘结体上的灰尘、砂浆、油污等均应清扫，擦拭干净，如果粘结体基层不干净、不干燥，会降低密封胶与粘结体的粘结强度，尤其是溶剂型，反应固化型密封材料，粘结体基层必须干燥。一般情况下，水泥砂浆找平层应在施工完成10天后，接缝方可嵌填密封胶，并且在施工前应晾晒干燥。

（3）检查密封胶有无衬托。连接构件的焊接，固定螺丝等是否牢固。

（4）检查混凝土、ALC 板、PC 板等基层有无缺陷、裂缝以及其他妨碍密封胶粘结的现象。分格缝两侧面高度应等高，缝隙混凝土或砂浆必须具有足够强度。分格缝表面及侧面必须平整光滑，不得有蜂窝、孔洞、起皮、起砂及松动的缺陷，如发现这些情况，应采用适合基层的修补材料进行修补，以使密封胶与分格缝表面粘结牢固，适应其变形，保证防水质量。如有砖墙处嵌填密封胶，砖墙宜用水泥砂浆抹平压光，否则会降低密封胶的粘结能力，成为渗水的通道。

（5）检查混凝土、水泥砂浆，涂装等施工后是否经过充分养护，混凝土基层的含水率原则上要求在 8% 以下，含水率的高低，因混凝土配比、表面装修、养护时间等的不同而不同，干燥时间、基层条件差，势将影响粘接。

（6）建筑用的构件是多种多样的，如处理方法有误则密封效果就会失去，根据构件的材质及表面处理剂和处理方法等情况的不同，对粘结体表面的清扫方法、清扫用溶剂以及基层涂料等的使用方法也各不相同。因此，还必须事先充分研究以下情况：了解混凝土预制板在生产时所采用的脱模剂种类；使用大理石时，还应检查有无污染性；涂漆的材质和种类；铝和铁的表面处理方法等。

4. 接缝的表面处理和清理

需要填充密封胶的施工部位，必须将有碍于密封胶粘结性能的水分、油、涂料、锈迹、杂物和灰尘等清洗干净，并对基层做必要的表面处理，这些工作是保证密封材料粘结性的重要条件。

基层材料的表面处理方法一般可分为机械物理方法和化学方法两大类型。常用的砂纸打磨、喷砂、机械加工等属于机械物理方法；而酸碱腐蚀、溶剂、洗涤剂等处理属于化学方法。这些方法可以单独使用，但联合使用能达到更好的效果。

5. 防水工程方案

综合管廊工程的防水方案，应根据使用要求，全面考虑地形、地貌、水文地质、工程地质、地震烈度、冻结深度、环境条件、结构形式、施工工艺及材料来源等因素合理确定。

对于没有自流排水条件而处于饱和土层或岩层中的工程，可采用下列防水方案：

（1）防水混凝土自防水结构或钢、铸铁管筒或管片；

（2）设置附加防水层，采用注浆或其他防水措施。

对于没有自流排水条件而处于非饱和土层或岩层中的工程，可采用下列防水方案：

（1）防水混凝土自防水结构、普通混凝土结构或砌体结构；

（2）设置附加防水层或采用注浆或其他防水措施。

对于有自流排水条件的工程，可采用下列防水方案：

（1）防水混凝土自防水结构、普通混凝土结构、砌体结构或锚喷支护；

（2）设置附加防水层、衬套、采用注浆或其他防水措施。

对处于侵蚀性介质中的工程，应采用耐侵蚀的防水砂浆、混凝土、卷材或涂料等防水方案。对受震动作用的工程，应采用柔性防水卷材或涂料等防水方案。对处于冻土层中的工程，当采用混凝土结构时，其混凝土抗冻融循环不得少于100次。具有自流排水条件的工程，应设自流排水系统。无自流排水条件，有渗漏水或需应急排水的工程，应设机械排水系统。

9.5 质量验收

防水混凝土的质量，应在施工过程中，按下列规定进行检查：

（1）防水混凝土的原材料，必须进行检查，如有变化时，应及时调整混凝土的配合比；

（2）每班检查原材料称量不应少于两次；

（3）在拌制和浇筑地点测混凝土坍落，每班不应少于两次；

（4）掺引气剂的防水混凝土含气量测定，每班不应少于一次；

（5）如混凝土配合比有变动时，应及时检查上述的（2）~（4）款；

（6）连续浇筑混凝土量为 $500m^3$ 以下时，应留两组抗渗试块，每增加 $250 \sim 500m^3$ 应增留两组，如使用的原材料、配合比或施工方法有变化时，均应另行留置试块。试块应在浇筑地点制作，其中一组应在标准情况下养护，另一组应与现场相同情况下养护，试块养护期不得少于28天。

综合管廊防水工程的质量验收标准可参考本指南提出的要求，并应符合现行国家标准《地下防水工程质量验收规范》GB 50208 的规定。

1. 主控项目

（1）防水混凝土的原材料、配合比及坍落度必须符合设计要求。

检查数量：全数检查。

检验方法：检查产品合格证、产品性能检测报告、计量措施和材料进场检验报告。

（2）防水混凝土的抗压强度和抗渗性能必须符合设计要求。

检查数量：全数检查。

检验方法：检查混凝土抗压强度、抗渗性能检验报告。

（3）防水混凝土结构的变形缝、施工缝、后浇带、穿墙管、埋设件等设置和构造必须符合设计要求。

检查数量：全数检查。

检验方法：观察检查和检查隐蔽工程验收记录。

（4）涂料防水层所用的材料及配合比必须符合设计要求。

检验方法：检查产品合格证、产品性能检测报告、计量措施和材料进场检验报告。

（5）涂料防水层的平均厚度应符合设计要求，最小厚度不得小于设计厚度的90%。

检查数量：每 100m² 抽查 1 处，每处 10m²，且不得少于 3 处。

检验方法：用针测法检查。

（6）涂料防水层在转角处、变形缝、施工缝、穿墙管等部位做法必须符合设计要求。

检验方法：观察；检查隐蔽工程验收记录。

2. 一般项目

（1）涂料防水层应与基层粘结牢固，涂刷均匀，不得流淌、鼓泡、露槎。

检查数量：每 100m² 抽查 1 处，每处 10m²，且不得少于 3 处。

检验方法：观察。

（2）涂层间夹铺胎体增强材料时，防水涂料胎体应充分浸透，不得露胎体、翘边和皱折。

检查数量：每 100m² 抽查 1 处，每处 10m²，且不得少于 3 处。

检验方法：观察。

第10章 附属设施施工

10.1 总体要求

综合管廊附属设施工程包括消防系统、通风系统、供电系统、照明系统、监控警报系统、排水系统和标识系统。综合管廊附属设施工程应根据设计文件的要求进行施工。施工工程所使用的材料与设备应有质量证明文件，严禁使用国家明令禁止或淘汰的材料与设备。附属设施工程的安装和实施，应在满足国家相关规范规定的防火、防毒、通风、消防等施工条件下进行。

10.2 附属设施施工

10.2.1 消防系统

火灾自动报警系统施工及验收应符合现行国家标准《火灾自动报警系统施工及验收规范》GB 50166 的有关规定。

10.2.2 通风系统

通风系统施工应符合现行国家标准《风机、压缩机、泵安装工程施工及验收规范》GB 50275 和《通风与空调工程施工质量验收规范》GB 50243 的有关规定。

10.2.3 供电系统

电气设备、接地施工安装应符合现行国家标准《电气装置安装工程 电缆线路施工及验收规范》GB 50168、《建筑电气工程施工质量验收规范》GB 50303 和《电气装置安装工程 接地装置施工及验收规范》GB 50169 的有关规定。

10.2.4 照明系统

照明系统施工安装应符合现行国家标准《建筑电气照明装置施工与验收规范》

GB 50617、《电气装置安装工程 接地装置施工及验收规范》GB 50169 以及其他相关标准的有关规定。

10.2.5　综合监控系统

管槽的预埋应符合现行国家标准《电气装置安装工程 电缆线路施工及验收规范》GB 50168 的有关规定。管线安装应符合现行国家标准《建筑电气工程施工质量验收规范》GB 50303、《自动化仪表工程施工及质量验收规范》GB 50093 的有关规定。

光缆敷设、接续、引入应符合现行国家标准《综合布线系统工程验收规范》GB/T 50312、《智能建筑工程施工规范》GB 50606 的有关规定。

控制箱、柜、盘和控制、显示、记录等终端设备的安装除应符合现行国家标准《建筑电气工程施工质量验收规范》GB 50303 的有关规定外，尚应符合下列规定：

（1）控制箱、柜、盘不应安装在影响管廊内专业管线敷设、人员通行及有漏水隐患的孔口下方等部位；

（2）所有控制、显示、记录等终端设备的安装应平稳，便于操作。

现场仪表的安装除应符合现行国家标准《自动化仪表工程施工及质量验收规范》GB 50093 的有关规定外，尚应符合下列规定：

（1）安装位置应方便操作和维护；

（2）显示仪表安装高度应距离地坪 1.2～1.5m，并应方便人员巡视观察。

安全技术防范系统设备安装除应符合现行国家标准《安全防范工程技术规范》GB 50348 的有关规定外，尚应符合下列规定：

（1）综合管廊内两侧设置支架或管道时，电子巡查系统的信息采集点（巡查点）宜安装在支架外端或方便人员操作的位置，安装应牢固，并不应影响专业管线的维护安装；

（2）入侵报警探测器的安装位置和声光警报器应安装在不易发现的位置。

防爆环境内设备、安装与接线技术要求应符合现行国家标准《电气装置安装工程爆炸和火灾危险环境电气装置施工及验收规范》GB 50257 的有关规定。

电源与接地、防浪涌应符合现行国家标准《建筑电气工程施工质量验收规范》GB 50303 的有关规定；设备电源接线、设备接地、浪涌保护器设置应符合设计要求。

综合管廊监控与报警系统调试应包括各组成系统的设备调试、系统调试、统一管理平台的调试和统一管理平台与各专业管线公司的联动调试。

10.2.6 排水系统

排水系统施工安装应符合现行国家标准《给水排水管道工程施工及验收规范》GB 50268、《给水排水构筑物工程施工及验收规范》GB 50141 和《建筑给水排水及采暖工程施工质量验收规范》GB 50242 的有关规定，且应符合下列规定：

（1）排水沟、集水池结构类型、结构尺寸、工艺布置平面尺寸及高程等应符合设计要求；

（2）排水沟、集水池结构表面应平顺。

水泵安装应符合现行国家标准《泵站安装及验收规范》SL 317 中的有关规定，且应符合下列规定：

（1）潜水泵吊装应就位正确，与底座配合良好；

（2）潜水泵的防抬机装置及其井盖的安装应符合设计要求，不应有轴向位移间隙；

（3）管道阀门和管件的型号和规格应符合设计文件要求，安装方向应准确。

10.2.7 标识系统

综合管廊标识系统安装应符合设计要求。标识应设置在便于观察的部位，挂（贴）牢固、内容完整。采用喷漆或粘贴方式进行标识时，管道表面应清理干净、干燥。采用自喷漆时，喷涂应防止污染，周围应保护到位。喷涂或粘贴要牢固、清晰，喷涂无流坠，粘贴无翘边。

10.3 质量标准验收

10.3.1 消防系统

消防系统的质量验收应符合下列规定：

1. 主控项目

（1）综合管廊内消防水管、消火栓、消火箱、防火门的规格、型号、质量应符合设计要求。

检查数量：施工单位、监理单位全验。

检验方法：检查产品合格证书，观察。

（2）消火栓、消火箱安装位置正确，启闭灵活，关闭严密。

检查数量：施工单位、监理单位全验。

检验方法：观察、尺量、试验。

（3）消防管道水压试验符合设计要求。

检验数量：施工单位现场试验，试压管段长度不宜大于1000m。监理单位见证试验。

检验方法：施工单位做现场试验，监理单位检查全部水压试验报告单，见证试验。

2. 一般项目

（1）消防管道及附件防腐处理应符合设计要求，管道穿越综合管廊墙体结构时应设置防水套管。

检查数量：施工单位全部检查。

检验方法：观察、工程检查证。

（2）管道阀门安装应符合下列规定：

1）阀门安装前应做强度和严密性试验，并符合设计要求；

2）阀门安装位置应正确，其轴线与管线一致；

3）阀门安装完毕，应及时设置支座并固定。

检查数量：施工单位全部检查。

检验方法：现场试验、测量、观察。

（3）消防管道安装允许偏差和检验方法应符合表10-1的规定。

消防管道安装允许偏差和检验方法　　　　　　　　表 10-1

序号	项目	允许偏差（mm）		检验数量	检验方法
1	管道安装	中心线	±15	每20m抽查一点	仪器测量
		高程	±10		
2	管道支座	纵向	±50		仪器测量
		横向、高程	±10		
3	钢管切口垂直度	允许偏差为管径的1%，且不大于2mm			量具检测

10.3.2 通风系统

通风系统的质量验收应符合下列规定：

1. 主控项目

（1）通风机房位置、结构构造等应符合设计要求。

检查数量：施工单位、监理单位全部检查。

检验方法：观察、尺量。

（2）通风机房机座基础承载力应符合设计要求。

检查数量：施工单位、监理单位全部检查。

检验方法：施工单位现场检测，监理单位见证检测。

（3）通风机房机座基础质量、预埋件位置等应符合设计要求。

检查数量：施工单位、监理单位全部检查。

检验方法：观察、尺量。

（4）风道位置及构造尺寸应符合设计要求。

检查数量：施工单位、监理单位全部检查。

检验方法：查对设计图、仪器测量、尺量。

（5）风道混凝土衬砌的强度等级应符合设计要求。

样检测方法应符合国家现行行业标准《铁路隧道工程施工质量验收标准》TB 10417 第 10.4.9 条的规定。

（6）风道混凝土衬砌厚度应符合设计要求。

检查数量：施工单位、监理单位抽查。

检验方法：查工程检查证，必要时现场检测。

2. 一般项目

风道混凝土衬砌表面平顺光洁。

检查数量：施工单位全部检查。

检验方法：观察。

10.3.3 供电系统

供电系统的质量验收应符合下列规定：

1. 主控项目

（1）变压器安装应位置正确，附件齐全，油浸变压器油位正常，无渗油现象。

检查数量：全数检查。

检验方法：观察。

（2）接地装置引出的接地干线与变压器的低压侧中性点直接连接；接地干线与箱式变电所的 N 母线和 PE 母线直接连接；变压器箱体、干式变压器的支架或外壳应接地（PE）。所有连接应可靠，紧固件及防松零件齐全。

检查数量：全数检查。

检验方法：观察。

（3）变压器必须交接试验合格。

检查数量：全数检查。

检验方法：查看试验报告。

（4）箱式变电所的交接试验，必须符合下列规定：

1）由高压成套开关柜、低压成套开关柜和变压器三个独立单元组合成的箱式变电所高压电气设备部分，应交接试验合格。

2）高压开关、熔断器等与变压器组合在同一个密闭油箱内的箱式变电所，交接试验按产品提供的技术文件要求执行。

（5）电动机、电加热器及电动执行机构的可接近裸露导体必须接地（PE）或接零（PEN）。

（6）电动机、电加热器及电动执行机构绝缘电阻应大于 $0.5M\Omega$。

（7）100kW 以上的电动机，应测量各相直流电阻值，相互差不应大于最小值的 2%；无中性点引出的电动机，测量线间直流电阻值，相互差不应大于最小值的 1%。

（8）不间断电源的整流装置、逆变装置和静态开关装置的规格、型号必须符合设计要求。内部结线连接正确，紧固件齐全，可靠不松动，焊接连接无脱落现象。

（9）不间断电源的输入、输出各级保护系统和输出的电压稳定性、波形畸变系数、频率、相位、静态开关的动作等各项技术性能指标试验调整必须符合产品技术文件要求，且符合设计文件要求。

（10）不间断电源装置间连接的线间、线对地间绝缘电阻值应大于 $0.5M\Omega$。

（11）不间断电源输出端的中性线（N 极）必须与由接地装置直接引来的接地干线相连接，做重复接地。

2. 一般项目

（1）有载调压开关的传动部分润滑应良好，动作灵活，点动给定位置与开关实际位置一致，自动调节符合产品的技术文件要求。

（2）绝缘件应无裂纹、缺损和瓷件瓷釉损坏等缺陷，外表清洁，测温仪表指示准确。

（3）装有滚轮的变压器就位后，应将滚轮用能拆卸的制动部件固定。

（4）变压器应按产品技术文件要求进行检查器身，当满足下列条件之一时，可不检查器身：

1）制造厂规定不检查器身者；

2）就地生产仅做短途运输的变压器，且在运输过程中有效监督，无紧急制动、剧烈振动、冲撞或严重颠簸等异常情况者。

（5）箱式变电所内外涂层完整、无损伤，有通风口的风口防护网完好。

（6）箱式变电所的高低压柜内部接线完整、低压每个输出回路标记清晰，回路名称准确。

（7）装有气体继电器的变压器顶盖,沿气体继电器的气流方向有 1.0%～1.5% 的升高坡度。

（8）电气设备安装应牢固，螺栓及防松零件齐全，不松动。防水防潮电气设备的接线入口及接线盒盖等应做密封处理。

（9）除电动机随带技术文件说明不允许在施工现场抽芯检查外，有下列情况之一的电动机，应抽芯检查：

1）出厂时间已超过制造厂保证期限，无保证期限的已超过出厂时间一年以上；

2）外观检查、电气试验、手动盘转和试运转，有异常情况。

（10）电动机抽芯检查应符合下列规定：

1）线圈绝缘层完好、无伤痕，端部绑线不松动，槽楔固定、无断裂，引线焊接饱满，内部清洁，通风孔道无堵塞；

2）轴承无锈斑，注油（脂）的型号、规格和数量正确，转子平衡块紧固，平衡螺丝锁紧，风扇叶片无裂纹；

3）连接用紧固件的防松零件齐全完整；

4）其他指标符合产品技术文件的特有要求。

（11）在设备接线盒内裸露的不同相导线间和导线对地间最小距离应大于8mm，否则应采取绝缘防护措施。

（12）安放不间断电源的机架组装应横平竖直，水平度、垂直度允许偏差不应引入或引出不间断电源装置的主回路电线、电缆和控制电线、电缆应分别穿保护管敷设，在电缆支架上平行敷设应保持 150mm 的距离；电线、电缆的屏蔽护套接地连接可靠，与接地干线就近连接，紧固件齐全。

（13）不间断电源装置的可接近裸露导体应接地（PE）或接零（PEN）可靠，且有标识。

（14）不间断电源正常运行时产生的 A 声级噪声，不应大于 45dB；输出额定电流为 SA 及以下的小型不间断电源噪声，不应大于 30dB。

10.3.4　照明系统

照明系统的质量验收应符合下列规定：

应急照明灯具安装应符合下列规定：

（1）应急照明灯的电源除正常电源外，另有一路电源供电；或者是独立于正常电源的柴油发电机组供电；或由蓄电池柜供电或选用自带电源型应急灯具；

（2）应急照明在正常电源断电后，电源转换时间为：疏散照明 ≤ 15s；备用照明 ≤ 15s；安全照明 ≤ 0.5s；

（3）疏散照明由安全出口标志灯和疏散标志灯组成。安全出口标志灯距地高度不低于 2m，且安装在疏散出口和楼梯口里侧的上方；

（4）疏散标志灯安装在安全出口的顶部，楼梯间、疏散走道及其转角处应安装在 1m 以下的墙面上。不易安装的部位可安装在上部。疏散通道上的标志灯间距不大于 20m；

（5）疏散标志灯的设置，不影响正常通行，且不在其周围设置容易混同疏散标志灯的其他标志牌等；

（6）应急照明灯具，运行中温度大于 60℃ 的灯具，当靠近可燃物时，采取隔热、散热等防火措施。当采用白炽灯，卤钨灯等光源时，不直接安装在可燃装修材料或可燃物件上；

（7）应急照明线路在每个防火分区有独立的应急照明回路，穿越不同防火分区的线路有防火隔堵措施；

（8）疏散照明线路采用耐火电线、电缆，穿管明敷或在非燃烧体内穿刚性导管暗敷，暗敷保护层厚度不小于 30mm。电线采用额定电压不低于 750V 的铜线。

10.3.5　排水和标识系统

排水系统的质量验收应符合现行国家标准《给水排水管道工程施工及验收规范》GB 50268、《给水排水构筑物工程施工及验收规范》GB 50141 及《建筑给水排水及采暖工程施工质量验收规范》GB 50242 的相关规定。标识系统的质量验收标准应符合设计要求及相关规范的相关规定。

第 11 章　安全文明施工

11.1　安全生产

11.1.1　安全分析

综合管廊工程施工内容多，结构复杂，施工时工序多，任务重，包含了综合管廊、高架桥、地面道路、天桥、排水工程、地面桥等综合工程。工程主要涉及的安全措施有：施工现场安全控制、施工现场临时用电、降水安全措施、深基坑开挖、桩基工程施工安全技术措施、施工机械设备作业、模板、支模板、脚手架施工、混凝土浇筑施工、构件吊装、高空作业的安全技术措施、防台风防洪汛、雨期施工的安全控制、夏期施工安全控制、冬期施工安全控制。

11.1.2　安全生产组织措施

（1）建立健全安全生产管理组织结构。安全生产组织结构情况详见图 11-1。消防安全保证体系详见图 11-2。

（2）成立以项目经理为组长，项目总工为副组长的安全领导小组。项目经理部设安全管理部，具体负责本工程工程项目的全部安全监察和管理工作，各施工队设专职安检员，各工班设兼职安检员。本项目实行安全生产三级管理，即：一级管理由项目经理负责，二级管理由专职安全员负责，三级管理由班组长负责，各作业点设安全监督岗。

（3）按照相关文件要求落实各级管理人员和操作人员的安全生产责任，做到纵向到底、横向到边，各自作好本岗位的安全工作。

建立严格的安全生产责任制。安全管理工作是一项综合性的工作，涉及面广，单靠一个部门、一部分人去抓很难奏效。为此，明确规定各职能部门、各级人员在安全管理工作中所承担的职责、任务和权限。使安全工作形成一个人人讲安全，事事为安全，时时想安全，处处要安全的氛围。并建立一套以安全生产责任制为主要内容的考核奖惩办法和安全否决权评比管理制度。

（4）建立高效灵敏的安全信息系统。系统规定各种安全信息的传递方法和程

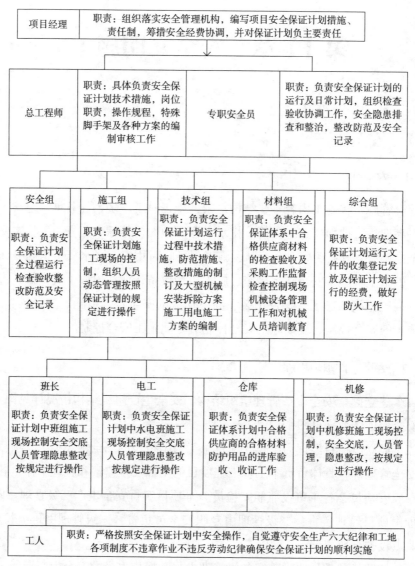

图 11-1 安全施工机构示意图

序,在施工中形成畅通无阻的信息网,准确及时地搜集各种安全信息（如执行"五同时"的信息,安全技术措施方案的编制、审批、交底、落实、确认信息,安全隐患、险肇事故及工伤信息等）,并设专人负责予以处理。

（5）工程在开工前,由项目部编制实施性安全、文明技术施工组织设计,确保施工安全。

（6）实行逐级安全技术交底制,由经理部组织有关人员进行详细的安全技术

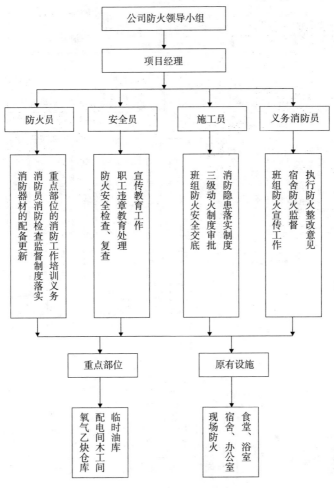

图 11-2　消防保证体系图

交底，凡参加安全技术交底的人员要履行签名手续，并保存资料。项目经理部专职安全员对安全技术措施的执行情况进行监督检查，并作好记录。

11.1.3　安全生产管理措施

1. 建立安全保证体系

按照"五项"（综合治理、管生产必须管安全、否决权、从严治理、标准化管理）原则，建立安全保证体系（包括机构的设置、专职人员的配备和施工安全监测以及防水、防毒、救护、警报、治安、爆破和炸药等安全保证体系）。安全保证体系见图 11-3。

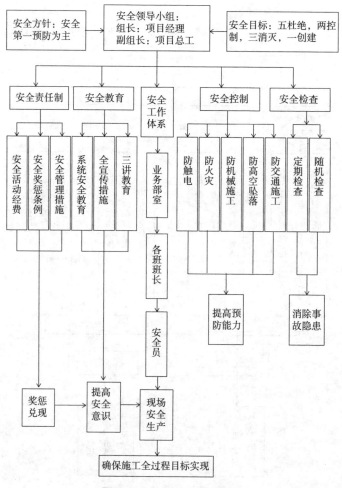

图 11-3 安全保证体系图

2. 安全教育

加强安全员的安全教育和技术培训考核，使企业各级领导和广大职工认识到安全生产的重要性、必要性。懂得安全生产、文明施工的科学知识，牢固树立"安全第一，预防为主"的思想，克服麻痹思想，自觉地进行各项安全生产法令和规章制度。

（1）进入施工现场安全教育

项目经理部教育内容包括：一般教育（工程施工的特点；给劳动者的安全带来的不利因素；当前安全生产情况）；安全生产法规和安全知识教育（建筑法、消防法等有关条款，住房城乡建设部颁布的建筑企业安全生产条例、规定，有关部门发布的安全生产规定，发包人针对本工程制定的有关规定，单位、项目经理部有关安全生产管理规定及细则，劳动部关于重伤事故范围的意见等）；建筑工程施工时容易发生的伤害事故及其预防。

施工队教育内容：相关规范的有关规定；施工现场的安全管理规定细则；在建工程基本情况和必须遵守的安全事项等。

（2）特种作业人员安全教育

特种作业人员除进行一般安全教育外，还要经过本工种的安全技术教育，经考核合格发证后，方准上岗操作。

定期对特殊工种进行复审。对从事有尘毒危害作业的工人，进行尘毒危害和防治知识教育。

（3）各级领导干部和安全管理干部的安全生产培训

定期培训各级领导干部和安全管理干部，提高政策水平，熟悉安全技术，劳动卫生业务知识，做好安全生产工作。

培训主要内容：安全生产的重大意义；国家有关安全生产、健康与环境卫生方面的方针、政策、规定；安全生产法规、条例、标准；施工生产的工艺流程和主要危险因素，以及预防重大伤亡事故发生的主要措施；企业安全生产的规章制度、安全纪律以及保证措施。各级领导在安全生产中的职能、任务以及如何管理；编制、审查、安全技术。

（4）安全生产的经常性教育

在做好对普通工种、特种作业人员安全生产教育和各级领导干部、安全管理科的安全生产培训的同时，把经常性的安全教育贯穿于管理工作的全过程，并根据接收教育的对象的不同特点，采取多层次、多渠道和多种方法进行。内容包括：安全生产宣传教育；普及安全生产知识宣传教育；适时安全教育等。

3. 安全检查

（1）成立第一负责人为首的安全检查组，建立健全安全检查制度，有计划、有目的、有整改、有总结、有处理地进行检查。发现违反安全操作规程时，各级安检人员有权制止，必要时向主管领导提出暂停施工进行整顿的建议。

（2）安全检查采取定期检查和非定期检查两种方式进行。定期检查是项目经理部每月组织一次安全检查，施工队每天进行施工安全检查并做好详细记录，提出保持或改进措施，并落实实行。非定期检查是按照施工准备工作安全检查；季节性安全检查；节假日前后安全检查；专业性安全检查和专职安全人员日常进行检查。

（3）安全检查内容坚持以自查为主，互查为辅，边查边改的原则；主要查思想、查制度、查纪律、查领导、查隐患、查事故处理。结合季节特点，重点查防触电、防机械车辆事故、防汛、防火等措施的落实。特别要加强对火工材料的管理检查。

（4）检查方法采取领导和群众相结合，自查和互查相结合，定期和经常性检查相结合，专业和综合检查相结合及对照安全检查表等方法和手段进行安全检查。

11.2 文明施工

11.2.1 文明施工目标

（1）遵守地方政府和有关部门对施工场地交通、环卫、安全和施工噪声的要求。

（2）采取有效措施尽量减小尘土和噪声污染，需要进行夜间作业时应经有关部门批准。

（3）文明施工分析：

（4）综合管廊工程施工范围较大，施工内容多，具体如下：

1）保证生产、办公、生活区划分明显，布局合理，环境整洁；

2）保证施工期间的工作安排及防火防盗。文明保证体系见图11-4。

11.2.2 文明施工控制措施

1. 文明施工管理措施

（1）根据工程特点，编制文明施工实施方案，在开工前5日内，将文明施工实施方案报市安全监督部门备案。

（2）建设工程施工需要停水、停电、停气等可能影响到施工现场周围地区单位和居民的工作、生活时，应当依法报请有关行政主管部门批准，并按照规定事先通告可能受影响的单位和居民。因施工导致突发性停水、停电、停气的，施工单位应当立即向相关行政管理部门报告，同时采取补救措施。

（3）建设工程需夜间施工的，应当按照当地规定申领夜间作业证明。

（4）项目部、施工队设文明施工负责人，每周召开一次关于文明施工的例会，定期与不定期检查文明施工措施落实情况，组织班组开展"创文明班组竞赛"活动，经常征求建设单位和项目监理对工地文明施工的建议和意见。

（5）所有现场作业人员统一着装，衣服后背印有施工企业名称，夜间施工穿着反光背心，涉水施工穿戴救生衣。

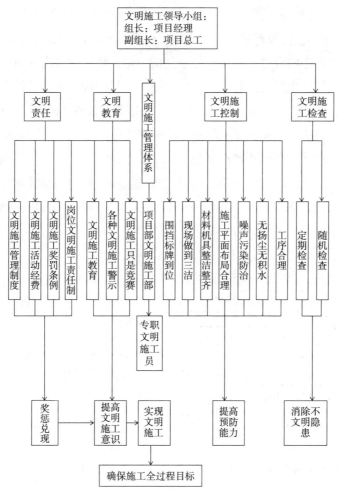

图 11-4　文明保证体系图

2. 施工现场管理措施

项目部宜配置文明施工班组 24 小时常态响应。施工中对行车产生干扰时，按交通管理部门要求，设置标牌、警示灯，安排临时纠察配合；配备至少 1 台洒水车，两套土方运输车进出场的冲洗场地以及相应的人员及设备。立柱、盖梁等地面以上构筑物施工必须采用密目网全封闭。

（1）施工现场实行封闭管理制度，强化警卫力量，出入口应当设置门卫值班室，对人员进出场进行登记。

1）项目部负责对周边除主要出入口外，全部封闭。施工出入口根据工程需要，本着便利施工和保证封闭的原则留置。

2）警卫力量配备。警卫力量按照固定岗、巡逻组和流动哨进行配置。

3）实行网络监控及严格执行出入施工现场各种证件制度

为了严格有序的管理，防止意外事件的发生，施工现场出入口应当设置门卫值班室，对人员进出场地进行登记。出入施工现场的施工人员一律实行证件管理制度，由各出入口警卫人员严格认真检查，无证者和证件不符者，一律不准进入。出入现场的车辆必须具备两证：车辆行驶证和驾驶员施工证。同时根据公司对一级项目部的要求，配备远程监控系统。该系统已在我公司多个项目成功应用，可以有效防止安全隐患的发生，第一时间发现危险源。我公司除计划在主要出入口设置摄像探头外，在主要施工区域及临近飞行区一侧均会设置不同数量的探头，达到项目乃至公司对工地的可控状态。

（2）施工现场应当设置围挡，并应遵守下列规定：

1）围挡应当采用双面夹泡沫的彩钢板材料，彩钢板厚度不小于2mm。高度 ≥ 2.1m，配置相应的活动围护，高度 ≥ 1.4m，材质同固定围护，所有围护保证全新。

所有围护（包括交通二次改道后）均采用全新设施（固定围护、临时围护、灯柱、彩色宣传喷绘）。遇到台风时按要求在规定时间内加固或拆除围护，同时在解除台风警报后在规定时间内按原样安装完成。

2）城市市区范围内的围挡应当进行美化；城市主干路、次干路两侧的围挡顶部应当采取亮灯措施；围挡上设置户外广告的，应当按照有关规定办理行政许可手续；

3）除收储土地整理工程外，距离噪声敏感建筑物不足5m的施工现场，应当设置有降噪功能的围挡；

4）围挡应当定期检查、清洗，保持牢固、整洁、美观。

不能设置封闭式围挡的市政基础设施工程、城市绿化工程，应当设置移动式围挡，并设置警示标识；房屋建筑工程进入室外配套工程施工阶段，需拆除原有围挡的，应当设置临时围挡。

入场前施工现场已有围挡，施工单位未拆除重新设置的，视为施工单位设置的围挡。

（3）房屋建筑工程施工现场的出入口、场内主要通道、加工场地及材料堆放区域应当采用混凝土硬化处理。一般场内主要通道宽度不小于3.5m，消防通道宽度不小于4m，并保持平坦、整洁；其他空旷场地应当进行绿化布置或者采用其他形式固化。

桩基工程施工作业场地应当坚实稳固，使用路基板（箱）等进行硬化处理；利用泥浆护壁的，应当设置砌体或者钢板成型的泥浆沉淀池。

（4）建设工程施工现场的建筑材料和建（构）筑物拆除后的废弃物，应当按照施工总平面图划定的区域分类堆放，与围挡保持安全距离，高度不得超过围挡。建筑材料应当标明名称、品种、规格数量以及检验状态。

（5）除线路管道工程、爆破拆除作业外，施工现场脚手架外侧应当设置具有阻燃功能的密目式安全网，并保持完整、清洁。

脚手架杆件应当涂装规定颜色的警示漆，不得有明显锈迹。

（6）建设工程应当使用预拌混凝土和预拌砂浆，需要使用散装水泥的，应当采取密闭防尘措施。

建筑材料易产生扬尘的，应当进行喷淋、遮盖处理。在施工现场进行建筑材料加工产生扬尘的，应当设置专门的材料处理区域，并采取措施防止扬尘污染。

施工现场临时堆放土方的，应当采取覆盖措施。

（7）建设工程施工现场应当定期清扫、喷淋或者喷洒粉尘覆盖剂。发布大气重污染一级预警时，裸露场地应当保持湿化。

（8）房屋建筑工程位于城市市区范围内的，应当在三层以下建筑外围设置防尘网（布）。收储土地平整后应当采取临时绿化、固化、覆盖防尘网（布）或者喷洒粉尘覆盖剂等措施防止扬尘污染。

（9）建设工程施工现场出入口应当设置车辆冲洗设施和排水、废浆沉淀设施，运输车辆应当冲洗干净后出场。不具备设置沉淀池条件的市政基础设施工程、城市绿化工程、线路管道工程施工现场，应当派专人在冲洗后清扫废水。发布大气重污染一级预警时，应当停止渣土运输。

建设工程需处置工程渣土的，应当在开工前依法办理处置手续，渣土运输业务应当发包给具有相应资质的运输单位。

建筑垃圾和其他散体物料装运实行测量密闭式运输，冲洗干净后出场，运输过程中严禁沿途抛、洒、滴、漏。

（10）施工过程中产生的污水、废浆和淤泥应当按照规定处置达标后排放，不得向自然水域排放。废浆、淤泥应当使用密闭式车船运输。

施工现场应当设置排水设施，保持排水畅通；需要向城市排水管网排放生活污水的，应当办理临时排水行政许可手续，并达到排放标准。

（11）建设工程施工向环境排放噪声的，应当遵守相关法律、法规的规定。

建设工程施工使用的产生噪声的固定设备应当设置在远离噪声敏感建筑物一侧，运输车辆进入施工现场严禁鸣笛。在建设工程施工现场装卸建筑材料应当采取减轻噪声的方式，不得倾倒或者抛掷金属管材、模板等材料。

（12）施工现场进行电焊作业或者夜间施工使用强光照明的，应当采取有效遮蔽措施，避免光照直射居民住宅。

（13）建设工程施工现场禁止焚烧建筑垃圾、生活垃圾以及其他产生有毒有害气体的物质；在城市市区范围内的建设工程施工现场，不得使用烟煤、木竹料等污染严重的燃料。

（14）建设工程施工现场办公、生活用房不得设置在施工作业区内。办公、生活用房与施工作业区之间应当设置隔离设施。不得在尚未竣工的建筑物内设置生活用房。

（15）建设工程施工现场设置食堂的，应当依法办理餐饮服务行政许可手续，从业人员应当持有有效健康证明。食堂应当距离厕所、垃圾容器等污染源25m以上，并设置在粉尘、有害气体、放射性物质和其他扩散性污染源的影响范围之外。

食堂应当设置隔油池，配备冷冻、冷藏设备，操作间应当保持干净、整洁，生熟食物应当进行隔离处理。

施工单位应当加强建设工程现场食品安全管理，制定现场食物中毒应急预案。

（16）施工单位应当在施工现场设置饮用水设施，保障饮用水供应。施工现场设置吸烟区的，不得设置在施工作业区域内。施工现场应当设置水冲式或者移动式厕所，房屋建筑内应当每两层设置临时便溺设施。

（17）编制交通组织方案。占用道路施工影响交通安全的，应当依法取得公安机关交通管理部门的批准。需限制车辆行驶或者实行交通管制的，应当依法报请公安机关交通管理部门批准，并按照交通设施规范要求设置交通标志标线和交通诱导设施。

（18）对施工区域的交通管理

建立平坦畅通、视野开阔、标识清晰的现场施工道路，人车分流，设立大型物资进场道路线路，确保环场道路畅通，各种施工车辆能正常安全行驶。

1）出入口设置

现场共设置6个出入口，出入口设置安检，并24小时驻守场区保卫人员。

2）道路交通标识

①首先，把现场道路交通标志布置齐全，道路行驶方向标以箭头指示，不许

使人的标以禁行标志，路边设限速标志，办公区有禁鸣笛标志等。对四条以上交叉道路路口设置环岛，以疏导交通。禁止无关车辆、人员进入，并对所有施工车辆装备专用警示灯。

②建立临时交通岗，设交通安全员，随时疏导现场交通拥挤现象。

③在较长道路边设置回车点，以方便大型车通行。

④出入口设保安 24 小时值班，内部车辆配现场车证，出入有效。外部车辆首先用门口电话或对讲机与内部联系，征得同意后方可放行驶入。其他无关车辆均不得入内。同时保安做好车辆出入记录，以方便查询。

⑤定期召开交通安全会议，传达交通安全要求，使现场内部人员遵守临时交通规则。

⑥运输组织措施：

a. 成立运输车辆指挥小组，对运输实行统一调度，积极与交管局、城管、业主等部门配合，并负责处理各种紧急情况。

b. 考虑商品混凝土罐车为主要运输车辆，开工前对各搅拌站罐车司机统一进行进场教育和方案交底，使其了解现场情况的特殊性及自身职责，保证所有驾驶员绝对服从指挥。

c. 将所有罐车车牌号、驾驶员驾驶证、身份证及联系方式备案，便于统一管理。

d. 浇筑混凝土时，运输车辆指挥小组根据现场情况统一调度和指挥，既要保证混凝土按时供应，同时要避免造成拥堵。

e. 大型材料、设备运输前，提前与交通主管部门及业主取得联系，确定好行程线路及时间，避免造成交通拥堵等情况。

f. 大型材料、设备进场时，事先安排好进出场时间和出入口，避免造成混乱。

g. 现场可配备应急抢修车，当运输车辆出现故障时及时进行抢修，确保运输道路的畅通。

⑦确保工地出入口和道路的畅通、安全。施工区域或危险区域有醒目的安全警示标志，并定期组织专人检查。工地主要出入口设置交通指令标志和示警灯，保证车辆和行人的安全。施工中造成沿线单位、居民的出入口障碍和道路交通堵塞，及时采取有效措施。

（19）在主要出入口设置醒目的施工标牌，标明下列内容：

1）工地总平面图：标明工地方位及管理、生产、生活、各类材料、机械设备设置的区域；大门进出口、便道及水电的走向；现场安全标志和宣传标语、横幅布置等。

2）工程概况牌：注明工程项目名称、工程主要结构类型及管道口径和道路总面积、总长度；建设、设计、施工、监理、质量监督和安全监督等单位名称；项目负责人、技术负责人及施工员、质量员、安全员的姓名；开竣工日期和监督电话。

3）建设规划许可证、建设用地许可证、施工许可证批准文号。

（20）根据文明施工安全生产的要求，设置各项临时设施，并达到以下要求：

1）施工区域与非施工区域严格分隔。

2）为方便管理，工地现场门楼可设置LED电子显示屏，动态显示正在施作工序内容及施工班组人员配备情况。

3）设置连续、通畅的排水设施和沉淀设施，有《排污许可证》，严禁泥浆、污水、废水外流或堵塞下水道，或直接排入河道。同时根据招标文件，禁止向周边倾倒废土、泥浆及建筑垃圾，多余土方运至招标人指定的地点。

4）施工区域内设置能保证施工安全的夜间照明和警示标志，并采取安全防护措施。

5）各类材料、机具设备按施工总平面图的布置，固定场地整齐堆放，不得侵占场内道路及安全防护等设施。施工现场内的各种中、小型机械设备均搭设防雨棚，机械的标识、编号清楚醒目，操作规程和操作责任人标牌制作规范，悬挂位置合理。

6）与周边交通交织的施工便道采用支路标准，沥青面层；施工区域参照支路标准，采用砼面层，保证施工期间整洁平整。

（21）施工现场按卫生标准和环境卫生、通风照明的要求，设置相应的厕所、化粪池、简易浴室、更衣室、生活垃圾容器等职工生活设施，落实专人管理。厕所便池贴瓷砖，必须有冲洗设备，并保持清洁卫生。落实各项除"四害"措施，控制"四害"滋生。

（22）严格依照《中华人民共和国消防条例》的规定，在工地建立和执行防火管理制度，重点部位设置符合消防要求的消防设施，并保持完好的备用状态。

（23）在施工过程中遵照下列规定：

1）完善技术和操作管理归程，确保防汛设施和地下管线通畅、安全。

2）采取各种有效措施，控制扬尘、噪声。

3）设置防护设施，防止施工中泥浆水、废弃物、杂物影响周围环境，伤害过往行人。

4）随时清理建筑垃圾，控制工地污染。建筑垃圾和生活垃圾分开定点堆放，并设专人负责及时清运出场外。

5）遵守交通管理规定，不得使用人力车、三轮车向场外运输建筑垃圾、废土、物料。

（24）施工人员遵照下列规定：

1）按照相关道德规范文明施工。

2）施工中产生的泥浆未经沉淀池沉淀不得排放。

3）施工中产生的各类垃圾应及时清运至指定地点，严禁随意倾倒在城市道路、河道、绿化带、空旷地带和居民生活垃圾容器内。

4）施工中不得随意丢弃废土、旧料和其他杂物。

5）施工中注意清理施工现场，做到随做随清。

（25）施工中下水道和其他地下管线堵塞或损坏的，及时疏浚或修复；对工地周围的单位和居民财产造成损失的，承担经济赔偿责任。

（26）建立防火安全组织，义务消防和防火档案，明确项目负责人，管理人员及操作岗位的防火安全职责；按规定配置消防器材，有专人管理；落实防火制度和措施；按施工区域、层次划分动火级别，动火必须具有"二证一器一监护"；严格管理易燃、易爆物品，设置专门仓库放存。

参考文献

[1] 孙云章. 城市地下管线综合管廊项目建设中的决策支持研究 [D]. 上海交通大学，2008.

[2] 邓良慧. 论城市共同沟建设的优缺点及存在的主要问题 [J]. 中国科技博览，2009，（13）：160-161.

[3] 张彩恋. 城市地下综合管廊建设趋势 [J]. 城建档案，2009，（8）：24-25.

[4] 许海岩，苏亚鹏，李修岩. 城市地下综合管廊施工技术研究与应用 [J]. 安装，2015（10）：21-23.

[5] 李德强. 综合管沟设计与施工 [M]. 北京：中国建筑工业出版社，2008.

[6] 雷升祥等. 综合管廊与管道盾构 [M]. 北京：中国铁道出版社，2015.

[7] 张帅军. 盾构法在城市地下共同管沟施工中的运用前景分析 [J]. 隧道建设，2011（s1）：365-368.

[8] 沈荣. 宁波市共同沟建设与管理问题研究 [J]. 给水排水，2008，34（10）：102-107.

[9] 郝治铭，江涛，刘星. 地下人防与消防的通风问题分析 [J]. 民营科技，2013（6）：163.